•投考公務員系列•

入境

投考實戰攻略

修訂版

Immigration Recruitment Handbook

應試必修策略 直擊投考實況
助你提升面試入境處實用技巧

文化会社 culture cross

前總入境事務主任
李學廉 著

推薦序（一）

學廉是本人多年的好友，以前一段長時間是好同事。他曾在入境事務處及輔助警察隊工作約35年，分別晉升至總主任及高級警司。一連串的晉升肯定了他工作的效率，誠懇的態度和全心的投入。在入境事務處工作時，除日常繁重的工作外，他亦熱衷於部門工會服務，曾是主任協會的主席。有賴於他的貢獻，促進了部門首長和基層人員互相的瞭解，是有效的溝通橋樑。

學廉具有豐富的紀律部隊知識和經驗，絕對是適合的人選去講解入境事務工作，例如工作範圍、道德操守、部門價值觀、入職要求等。

本人希望這本書可做到令入境事務處及讀者均相得益彰。入境處素來重視人力資源，因為擁有優秀人才方能提供有效率及優質的服務。既盼望這本書可以吸引更多人才投考入職，強化人力資源。亦期待讀者通過閱讀這本書，可以加深認識及瞭解入境處工作，並因而產生興趣，積極考慮投身這個有意義的紀律部隊行列，服務社會及市民。

前入境事務處副處長

蔡炳泰，IDSM

推薦序（二）

我與作者，人稱「李Sir」相識已20多年，曾經與他在入境處不同工作崗位上共事，更和他在入境事務主任協會（以下簡稱協會）並肩合作，帶領協會與部門管方及其他工會團體建立良好的溝通關係。他是我的好伙伴，更是我的良師益友。他任職入境處35年工作期間，部門內6個部都工作過，故而熟悉各處的工作規例和程序；他處事公正，勇於承擔，善於排難解紛，深得不同職級同事的敬佩。

在我而言，他為人幽默、善談、敢言、記憶力強及表達能力高。他任協會主席的6年期間，曾處理過一些歷史性大事。例如，他成功向食物及衞生局爭取派出醫護人員在羅湖及落馬洲口岸駐守，協助檢測「非本地孕婦」懷孕情況，使同事在工作上能更有效地阻截相關人士進入香港；他成功組織集思會，向紀律人員薪俸及服務條件常務委員會爭取到在紀律部隊職系架構檢討中，會公平地對待入境處紀律人員的薪酬福利待遇；他亦曾帶領協會成為首個訪問中央駐港機構，當中包括中聯辦社工部和外交部特派員公署的本港紀律部隊工會；以及以團長身份多次率領協會代表團往內地各省市進行訪問交流等。

憑着李Sir在入境處多年的閱歷及經驗，我相信這本書能成功幫助有志投考入境處的年青人，可以更深入地去瞭解部門的軟硬件。從增進知識上，讀者若只想多瞭解入境處，也必能從此書得到豐富資料，獲益良多。

前入境事務主任協會主席

倪錫水，IMSM

自序

入境事務處工作日新月異，不斷有新的變化和新的挑戰，亦因而形成工作量與時俱增。部門審時度勢，亦不得不適時增聘人手作出應對。

同樣，投考入境處的申請人數亦因而大幅飆升，這也是這本書得以迅速再版的原因。在第一版面世半年之後，我理解到已經有相當數量的讀者成功入職，正分別履行入境事務主任或入境事務助理員的職責。當然，亦有更多讀者失望而歸，未能通過林林種種不同的考試。

有考生告訴我，考試的內容和模式近來已有輕微的變化和調整，與書中所述並不盡同。我的回應很簡單，這正正是部門必然的做法。因為，各項考試的目的，是為了替部門簡拔人才，擇優而用，以應對目前以至未來的挑戰。在大量的考生中，找出最最適合的人選。

不過，萬變不離其宗。評核的準則，還是要看看考生是否有承受壓力的特質，以及在壓力下能否有靈活的應變。這些相當個人的因素，嚴格來説，亦並非單憑學習和訓練可以肯定得到提昇。

因此，本書只能為讀者在投考入境處時提供一個準備的方向。當然，更希望讀者能因而踏出成功的第一步，向目標邁進。

前總入境事務主任
李學廉

作者李學廉（左二）與前入境事務處處長、現任憲制及內地事務局局長曾國衛先生 (中) 合照。

前入境處處長陳國基伉儷（左三及四），相片攝於 2016 年。陳先生現職行政長官辦公室主任。

作者與入境事務處處長區嘉宏先生於 2019 年 10 月 1 日特區政府國慶酒會合照。

Chapter 03 入境事務助理員

Chapter 04 入境事務主任

Chapter 05 ■試前必讀

鳴謝

後記

Chapter 01
入境事務處大檢閱

認識入境事務處

入境處的由來

香港入境事務處（簡稱「入境處」）在1961年由警務處獨立出來，當時名為「移民局」。部門成立之初，主要負責出入境管制工作、簽發旅行證件和簽證，以及打擊與出入境有關的非法活動。1971年部門重新命名為「人民入境事務處」，並分別在1977和1979年接管了人事登記事務和出生、死亡及婚姻登記的工作。1997年，部門再改名為現今的「入境事務處」。

考生須清楚部門的官式名稱。若在面試時仍使用舊名稱，恐怕便會失分。至於部門的英文名稱「Immigration Department」則從來沒有變過，入境事務隊亦一向被稱為Immigration Service。

與香港海關的關係

入境事務處迄今已有超過半個世紀的歷史，但很多市民甚至傳媒仍會將它和海關混淆。為甚麼會這樣？原因很簡單，就是兩個部門都有主力人員在管制站工作。

香港海關的前身叫「緝私隊」，1909年成立，1977年改稱「香港海關」（Hong Kong Customs and Excise Department），1982年成為獨立部門。在管制站，海關主要負責旅客和貨物清關的工作。

簡單來説，入境事務處負責「人」的檢查，例如從旅客的個人證件去確認其國籍和身份。而海關則負責「貨物」的檢查，例如防止毒品流入或為應課税商品完税等。

組織架構

早期的入境處，可能基於語文能力的考量，是用助理主任職級人員負責出入境櫃枱檢查工作的。所以，當筆者入職時，在當時金字塔式的官僚架構之下，人數最多的職級便是助理主任。員佐級則只有數名高級助理員，負責統籌和調派數十名助理員在主要管制站及調查科的看守、護送、駕駛等工作。

由1982年開始，入境處起用高級助理員負責出入境櫃枱檢查工作。所以，時至今日，亦形成了人數最多的職級。1990年，部門開設總助理員職位，以取代較簡單的助理主任工作。1997年，部門開始直接招聘主任職級，並在翌年將助理主任這個職級取消。由於總助理員不能全面取代助理主任職級，所以可以開設的職位亦相對較少。

今日的入境處的架構猶如「聖誕樹」。由處長到主任級是一個大三角，總助理員人數較主任少，形成一個樽頸。高級助理員人數最多，是樹的第二層，而助理員則變成了粗大的樹腳。

工作性質

相對其他紀律部隊，入境處的工作沒有警隊或消防般危險，厭惡程度亦遠不如懲教署。不過，入境處的工種是相當勞工密集的，這一點如非行內人未必理解得到。雖然，在最基層的助理員工作略較輕鬆，但由於管制部人手需求近年來正急劇增加，所以新人在一至兩年後，便會有相當大機會接受旅客櫃枱檢查工作訓練，然後開始署任高級助理員的職務。

正如前面講過，旅客櫃枱檢查工作以前要由助理主任職級負責，工作的複雜程度已經可以預計得到。舉個例說，檢查員必須掌握全球有哪些國家可以免簽證來港旅遊，以及可給予這些國家怎樣的逗留期限，經已是一門大學問。

又例如當根據護照上的條紋碼去輸入旅客的個人資料時，所有紀錄包括每個英文字母以至阿拉伯數目字都必須確實無誤，否則就會做成檢查的漏洞以及出入境紀錄的流失。這是對工作質素上的要求，對櫃枱上的前線同事特別是新手會構成頗大的壓力。

另一方面，基於訪港旅客人數近期都按年遞增，而每一個旅客在出入境時都必須接受檢查，因此工作量亦同時會對櫃枱上的同事構成壓力。即使安排了輪替人手，櫃枱工作的同事每每要等一個半小時才能有十數分鐘的小休環節，已經是管制站在每天繁忙時間必會發生的情形。

考生必須明白，海關是採用危機管理（Risk Management）的方法，只會抽查形跡可疑或情報顯示有問題的旅客。入境處因應管制的規定，要將不同的逗留條件給予每一位接受檢查的旅客，所以運作模式便有所分別了。

署任及升級制度

由於高級助理員的人數比助理員多，所以助理員獲得署任的機會，相對其他紀律部隊而言亦比較大。當然，是否可以順利升級，還要看自己的努力和運氣。必須指出，高級助理員的升級，相當大程度取決於自己的實務工作能力而非管理能力。所以，同警務處的警長職級相比，較大的分別就是除少數組別或崗位有例外外，高級助理員並不肩負督導的責任。同時，高級助理員若要再晉升總助理員，競爭亦相當大。

不過，助理員若持有足以投考主任職級的學歷，在招募期間是可以直接投考主任的。同其他的申請人一樣，待遇相同，機會均等。不過，助理員在完成三年見習期後，則應只循內部晉升機制申請。

工會

1. 入境事務主任協會：1980年成立，是代表由主任到首席主任各職級的主要工會，涵蓋範圍差不多等同警務處的「警司會」加上「警務督察協會」。

2. 入境事務助理員工會：1981年成立，是代表由助理員到總助理員各職級的「最老牌」員佐級工會。

3. 入境事務人員協會：1999年成立，原則上是一個所有入境處人員，包括文職同事都可以參加的工會。但由於該會主要會員是員佐級同事，所以成為另一個代表員佐級的工會。

4. 入境事務員佐級總會：2007年成立，是最新一個純代表由助理員到總助理員各職級的員佐級工會。

工會主要是代表同事就整體薪酬待遇、福利服務條件等事宜，向管方提意見。管方也可以透過工會將新政策新任務向各級同事解釋清楚。

個別會員的升遷、調動以至署任安排，並不在工會與管方的討論範疇。

現時編制

截至2020年10月，入境事務處的編制共有9,083個職位。

在這些職位當中，有7,371個屬入境事務隊人員職位（包括12個首長級職位），其餘1,712個則屬於文職人員。

理想、使命及信念

1. 理想

我們要成為世界上以能幹和效率稱冠的入境事務隊伍。

2. 使命

我們要全力執行下列工作，為香港的安定繁榮作出貢獻：

- 執行有效的出入境管制
- 方便旅客訪港
- 拒絕讓不受歡迎人物入境
- 防止及偵查與出入境事宜有關的罪行
- 為居民簽發高度防偽的身份證及旅行證件
- 提供高效率的出生、死亡及婚姻登記服務

入境處會按「一視同仁」的原則，為市民提供優質服務，並以尊重、體恤和關懷的態度對待每一位市民，不會因其殘疾、性別、婚姻狀況、懷孕、家庭崗位、種族、國籍及宗教而有差異。

3. 信念

a. 正直誠信、公正無私：以公正無私和誠實的態度，忠誠地執行本處的各項政策和工作，並時刻維持本處高度正直誠信的標準。

b. 以禮待人，體恤市民：尊重每位市民，對每位市民誠懇有禮和體恤關懷。我們要設身處地去了解不同的觀點和看法，並且彈性地實施各項政策，以切合特別的需求。

c. 關顧共融，群策群力：我們要以人為本，關懷員工的需要及發展，加強溝通，培養和諧信任的部門文化，建立一支士氣高昂和上下一心的專業團隊，協力服務市民。

d. 觸覺敏銳，因時制宜：我們要對不斷轉變的社會、經濟及政治環境，保持敏銳的觸覺；並要與時並進及重新釐定處理事務的策略和工作程序，以應付新的挑戰。

e. 精益求精，樹立榜樣：我們要繼續悉力以赴，力求事事盡善，並致力成為世界上其他入境事務隊伍的榜樣。

職責

移民局於1961年8月4日成立，接手處理當時的「香港警務處入境事務部」負責的入境事務工作。入境處在成立之初，只有73名制服人員和128名文職人員。至2020年10月，入境事務處的編制已增加至7,371名入境事務隊人員和1,712名文職人員，合共9,083人。

- 1965年8月，移民局從香港警務處接管在羅湖的出入境管制任務
- 1971年，移民局重新命名人民入境事務處
- 1977年4月，人民入境處與「人事登記處」進行合併
- 1979年7月，再接管註冊總署的出生、死亡及婚姻登記等工作

其後，人民入境事務處在1997年7月1日再改稱為現在的「入境事務處」。

入境事務處根據《入境事務隊條例》第331章運作，負責工作主要分兩類：

1. 對經海、陸、空三路出入境的人士施行管制

2. 為本港居民辦理各類證件，包括：

- 簽發香港特區護照、其他旅行證件、簽證及身份證，處理與《中國國籍法》有關的申請及根據《基本法》而提出的居留權聲請
- 辦理生死及婚姻登記手續

入境處還負責防止不受歡迎人士入境、執行與入境事務有關的法例，以及推行吸引優秀人才和科技人才入境等計劃。

入境事務處是根據《入境條例》（第115章）及另外數條條例，如《人事登記條例》（第177章）及香港特別行政區護照條例 (第539章) 的條文，執行與入境事務有關的工作。

入境事務處的工作，分別由現時位於港島灣仔的入境事務處總部，港、九、新界多個分處、登記處和智能身份證換領中心，以及出入境管制站執行。入境事務處的總部，在建築工程竣工後，將會遷往將軍澳。

而出入境管制站分別設於：香港國際機場、港口、內河碼頭、港澳客輪碼頭、中國客運碼頭、屯門客運碼頭、啟德郵輪碼頭、羅湖、文錦渡、沙頭角、落馬洲、香園圍、港珠澳大橋、處理來往內地直通列車旅客的港鐵紅磡站，首個採用「一地兩檢」運作模式的深圳灣管制站，處理來往內地高鐵旅客、也是第二個採用「一地兩檢」運作模式的西九龍高鐵站 。

入境事務處致力提供快捷有效並達國際水平的出入境服務，不但方便本港居民和來自世界各地的遊客及商務旅客出入境，更有助促進香港的安定繁榮，鞏固香港在世界城市中前列的地位。

職系和職級架構

入境事務處處長之下為1名副處長，以及9名其他首長級人員，包括7名助理處長和2名高級首席入境事務主任。

目前，入境處共有12個職級，包括主任級（入境事務主任職系）的5個職級，和員佐級（入境事務助理員職系）的3個職級。

職級：

1. 處長級職級（Directorate grade）
2. 主任級職級（Officer grade）
3. 員佐級職級（Rank & File grade）

1. 處長級職級

- 入境事務處處長（Director of Immigration，D）
- 入境事務處副處長（Deputy Director of Immigration，DD）
- 入境事務處助理處長（Assistant Director of Immigration，AD）
- 高級首席入境事務主任（Senior Principal Immigration Officer，SPIO）

2. 主任級職級

- 首席入境事務主任（Principal Immigration Officer，PIO）
- 助理首席入境事務主任（Assistant Principal Immigration Officer，APIO）
- 總入境事務主任（Chief Immigration Officer，CIO）
- 高級入境事務主任（Senior Immigration Officer，SIO）

- 入境事務主任（Immigration Officer，IO）

3. 員佐級職級

- 總入境事務助理員（Chief Immigration Assistant，CIA）
- 高級入境事務助理員（Senior Immigration Assistant，SIA）
- 入境事務助理員（Immigration Assistant，IA）

入境處部門組織圖

(截至 2020 年 12 月)

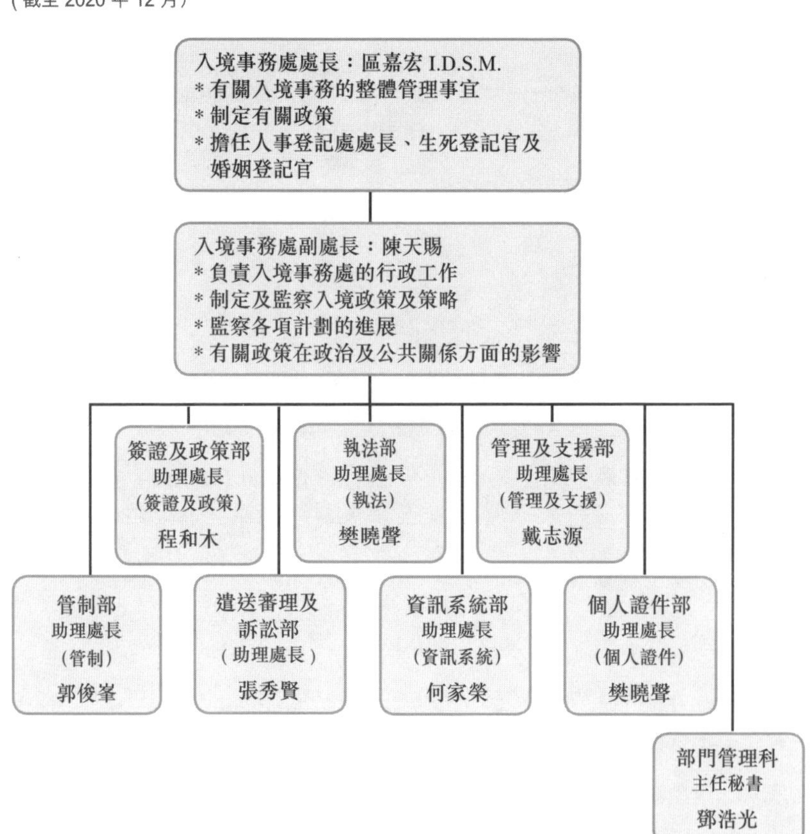

福利

「入境事務主任」及「入境事務助理員」的福利包括：

- 可以成為入境事務處職員同樂會（簡稱「同樂會」）成員。同樂會全年不斷為員工及其家屬舉辦各類體育及康樂活動，以推廣健康生活方式、增進同事間的瞭解和強化團隊精神。

- 入境事務隊福利基金是根據《入境事務隊條例》設立，旨在為入境事務隊成員或前入境事務隊成員謀求福利和給予貸款。福利基金亦向需要經濟援助的受供養家屬發放補助金，以協助他們支付已故入境事務隊成員，或前入境事務隊成員的殯殮費。

- 可以成為「紀律部隊人員體育及康樂會」會員，享用當中各項設施，包括有：游泳池、草地足球場、桑拿室、室內運動場、室內及室外兒童遊樂場、圖書館、電視室、舞蹈室、網球場、桌球室、保齡球場、電子遊戲機室、中、西餐廳等。

- 主任級人員可以享用香港入境事務處長官會所的餐廳設施

- 有薪假期：

1. 例假：以劃一標準比率賺取

2. 病假：服務年資4年以下：有資格獲取全薪病假91日及半薪病假91日。至於服務年資4年以上：有資格獲取全薪病假182日及半薪病假182日。

3. 產假：凡連續服務不少於40星期的人員，有權獲取全薪產假14星期。

4. 侍產假：連續服務不少於40週的人員，在緊接其妻子分娩的預期或實際日期（以較遲者為準），可以獲給予最多5個工作天的全薪侍產假。

- 在適當情況下，更可獲得宿舍、房屋福利及房屋資助，包括：

1. 已婚主任級宿舍
2. 已婚員佐級宿舍
3. 公務員公屋配額
4. 購屋貸款計劃

- 公務員公積金
- 醫療及牙科診療
- 在適當情況下，更可獲得宿舍及房屋資助
- 成功完成3年試用期後，可以獲得長期聘用

入境事務處階級表

階級中文名稱	階級英文名稱	階級簡稱
處長	Director	D
副處長	Deputy Director	DD
助理處長	Assistant Director	AD
高級首席入境事務主任	Senior Principal Immigration Officer	SPIO
首席入境事務主任	Principal Immigration Officer	PIO
助理首席入境事務主任	Assistant Principal Immigration Officer	APIO
總入境事務主任	Chief Immigration Officer	CIO
高級入境事務主任	Senior Immigration Officer	SIO
入境事務主任	Immigration Officer	IO
入境事務主任（見習）	Immigration Officer (Probationary)	IO
總入境事務助理員	Chief Immigration Assistant	CIA
高級入境事務助理員	Senior Immigration Assistant	SIA
入境事務助理員	Immigration Assistant	IA

組織架構

入境事務處的入境管制工作分「入境前」、「入境時」及「入境後」三部分，由以下幾個部門執行：

（一）管制部

- 制定及執行出入境政策
- 檢查經海、陸、空三路出入境的旅客

（二）執法部

- 負責制定及執行調查方面的政策及處理與入境事務有關的檢控
- 負責制定及推行有關遞解及遣送離境（免遣返聲請人除外）的措施；
- 管理青山灣入境事務中心；
- 負責執行及檢討有關對付恐怖活動的工作

（三）資訊系統部

- 策劃及推行新的資訊系統
- 操作現有的資訊系統
- 紀錄及數據管理

（四）遣送審理及訴訟部

- 審理免遣返聲請和處理與免遣返聲請及執法有關的訴訟個案；
- 檢討及執行處理免遣返聲請的策略；

- 制定及推行有關遞解及遣送免遣返聲請不獲確立人士離境方面的措施。

（五）管理及支援部

- 為整個部門提供管理支援，包括負責職員培訓及調配事宜
- 接受、監察和覆檢各項投訴，提供內部視察及審核服務，以確保現行政和程序能適當及有效率地執行，且符合成本效益

（六）個人證件部

- 處理有關永久性居民身份證及特區護照申請的上訴事宜
- 為本地居民簽發香港特別行政區(香港特區)護照及其他旅行證件
- 為居民簽發身份證
- 處理根據《基本法》提出聲稱擁有居留權的申請
- 處理與《中國國籍法》有關的申請
- 辦理出生、死亡及婚姻登記
- 就給予香港特別行政區(香港特區)居民免簽證旅遊安排事宜進行磋商
- 推廣香港特區旅行證件，使這些證件更廣為接受
- 為在境外身陷困境的香港居民提供可行協助
- 推行全港市民換領智能身份證計劃

（七）簽證及政策部

- 簽發簽證和批准延期逗留
- 就簽證管制事宜進行研究及政策檢討工作
- 處理香港特區居留權證明書申請
- 處理有關簽證管制事宜及居留權證明書的上訴、反對或司法覆核個案

（一）管制部

由1位助理處長掌管，下設4個科別：機場管制科、邊境管制（鐵路）科、邊境管制（車輛）科和港口管制科。

頭兩個科各由1位高級首席入境事務主任領導，而尾兩個科則各由1位首席入境事務主任主管。這4個科別共同分擔出入境管制的職責，當中包括：拒絕讓不受歡迎人物入境和防止通緝犯離境；為旅客提供便捷的出入境服務。

1. 機場管制科

負責在香港國際機場執行出入境管制。

2. 邊境管制（鐵路）科

負責羅湖、落馬洲支線、高鐵西九龍及紅磡管制站的出入境管制工作。

3. 邊境管制（車輛）科

負責深圳灣、文錦渡、落馬洲、沙頭角、香園圍及港珠澳大橋管制站出入境管制工作。

4. 港口管制科

負責為經港口、中國客運碼頭、港澳客輪碼頭、屯門客運碼頭、啟德郵輪碼頭及內河碼頭的出入境管制工作。

管制部組織圖

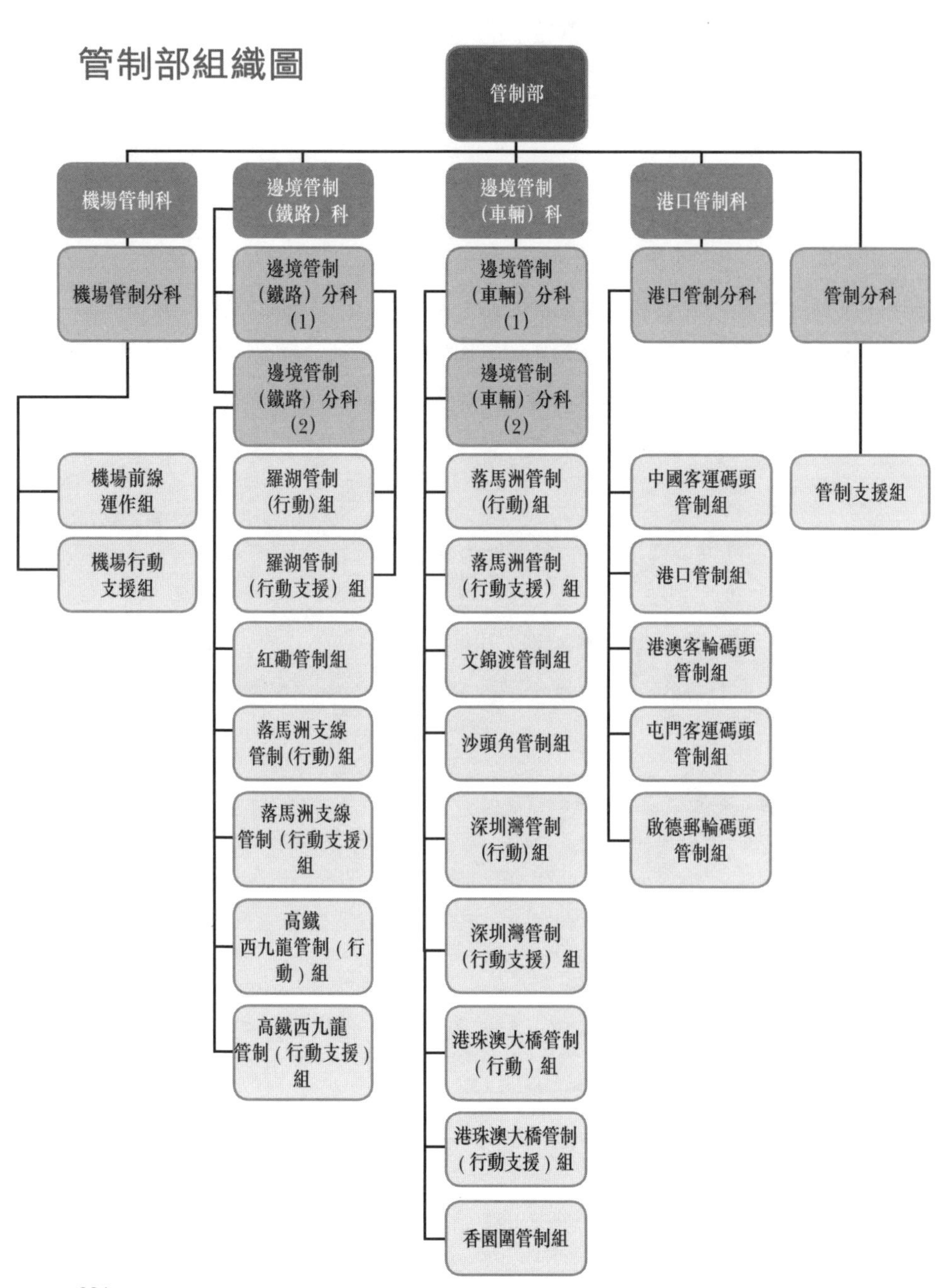
管制部
機場管制科
邊境管制（鐵路）科
邊境管制（車輛）科
港口管制科
機場管制分科
邊境管制（鐵路）分科（1）
邊境管制（車輛）分科（1）
港口管制分科
管制分科
邊境管制（鐵路）分科（2）
邊境管制（車輛）分科（2）
機場前線運作組
機場行動支援組
羅湖管制(行動)組
羅湖管制（行動支援）組
紅磡管制組
落馬洲支線管制(行動)組
落馬洲支線管制（行動支援）組
高鐵西九龍管制（行動）組
高鐵西九龍管制（行動支援）組
落馬洲管制(行動)組
落馬洲管制（行動支援）組
文錦渡管制組
沙頭角管制組
深圳灣管制(行動)組
深圳灣管制（行動支援）組
港珠澳大橋管制（行動）組
港珠澳大橋管制（行動支援）組
香園圍管制組
中國客運碼頭管制組
港口管制組
港澳客輪碼頭管制組
屯門客運碼頭管制組
啟德郵輪碼頭管制組
管制支援組

（二）執法部

由1位助理處長掌管，轄下設有「執法科」和「反恐科」，各由1名首席入境事務主任領導，負責：

- 制定及執行調查方面的政策及處理與入境事務有關的檢控
- 制定及推行有關遞解及遣送離境（免遣返聲請人除外）的措施
- 管理青山灣入境事務中心
- 執行及檢討有關對付恐怖活動的工作

1. 執法科

由1名首席入境事務主任（執法）領導，負責制定及執行有關調查、遞解及遣送離境方面的政策，下設：執法分科、檢控及遣送分科和青山灣入境事務中心分科。執法科下設「反偷渡情報局」及「入境處特遣隊」：

a. 反偷渡情報局

1998年赤鱲角機場啓用後，入境處成立「駐機場調查小組」，進一步加強機場範圍內的執法行動，打擊使用偽造旅行證件及偷運非法入境者活動。

2004年，成立「反偷渡情報局」（前稱反國際偷渡罪行調查及情報局）後，「駐機場調查小組」及「策略情報小組」便由「反偷渡情報局」管理。「反偷渡情報局」主要負責調查在香港國際機場截獲的「偽造旅行證件」及「非法移民個案」，並集中調查涉及香港特區護照的偽證集團，以及收集和分析有關偽證集團及使用者犯罪手法的最新情報。

b. 入境處特遣隊

除負責對違反入境條例者採取執法行動外，亦會支援因工作量激增而需要額外人手的辦事處。

為遏止僱用非法勞工的趨勢，入境處特遣隊執行了多個代號為「曙光」、「冠軍」及「驚愕」的特別行動，針對打擊從事不同行業的非法勞工。特遣隊會繼續透過加強巡查及掃蕩行動，打擊非法勞工及其僱主，以保障本地工人的就業機會。入境處亦不時會向商戶派發「切勿聘用非法員工」的宣傳單張，提高市民意識，讓他們明白僱用非法勞工的嚴重後果。

為加強針對僱用不可合法受僱人士方面的宣傳工作及提高市民意識，讓他們明白僱用非法勞工的後果，入境處會調派入境處特遣隊人員及宣傳車在非法勞工黑點駐守。入境處亦會向商戶派發「切勿聘用非法員工」宣傳單張，並在物業管理公司、其他政府部門及公共機構舉辦的講座或研討會廣泛宣傳。

c. 外傭專責調查組

為打擊販運人口及加強保障外籍家庭傭工，入境處在2019年新設這專責組別，以便及早識別潛在販運人口或剝削外傭個案，並在有需要時展開調查。

入境處早於2015年，已推出販運人口受害人識別機制。2018年，7500多名容易受剝削人士，包括非法入境者、性工作者和外傭等接受初步識別審核，當中18人被識別為受害人。政府會積極推行跨部門《打擊販運人口及加強保障外傭行動計劃》，以一籃子不同法例調控，確保政策和法律有效執行。

2. 反恐科

由1名首席入境事務主任領導，負責管理、執行及檢討對付恐怖活動工作。

（三）資訊系統部

部門由1名助理處長掌管，負責處理入境事務處內一切有關資訊系統的發展和運作、紀錄管理及個人資料私隱保障事宜。

在面對不斷轉變的社會及經濟環境，入境事務處一直抱着與時並進、精益求精的態度來制定資訊科技策略，以配合21世紀數碼化年代，並積極研究採用各種高新科技，為市民提供有效率和高質素服務，亦同時確保入境事務處的業務常規及工作程序均遵照《個人資料（私隱）條例》的規定。

資訊系統部按功能劃分為多個科別，處理本處資訊系統及相關事宜。

資訊系統（發展）科：由1位首席入境事務主任掌管，負責制定及推行處內的資訊系統策略和開發新的資訊系統，以應付未來工作需求。

資訊系統（運作）科：由1位首席入境事務主任掌管，負責管理目前運作的資訊系統，確保系統保安及不斷優化更新各系統和有關程序。

紀錄及數據管理科：由1位首席入境事務主任掌管，負責一切有關資料私隱、公開資料和處內紀錄管理的事宜。

科技服務科：由1位總系統經理掌管，則為入境事務處內電腦系統的應用及發展提供技術支援。

資訊系統部組織圖

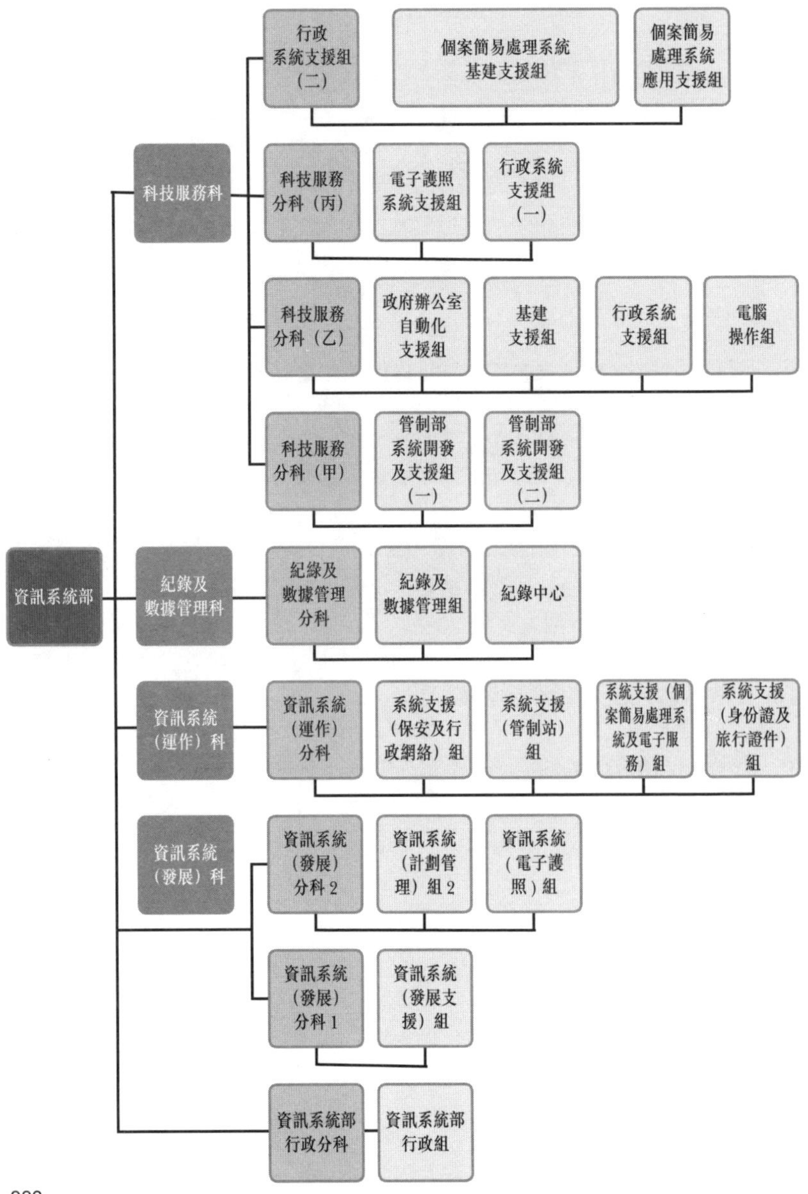
資訊系統部
科技服務科
行政系統支援組（二）
個案簡易處理系統基建支援組
個案簡易處理系統應用支援組
科技服務分科（丙）
電子護照系統支援組
行政系統支援組（一）
科技服務分科（乙）
政府辦公室自動化支援組
基建支援組
行政系統支援組
電腦操作組
科技服務分科（甲）
管制部系統開發及支援組（一）
管制部系統開發及支援組（二）
紀錄及數據管理科
紀錄及數據管理分科
紀錄及數據管理組
紀錄中心
資訊系統（運作）科
資訊系統（運作）分科
系統支援（保安及行政網絡）組
系統支援（管制站）組
系統支援（個案簡易處理系統及電子服務）組
系統支援（身份證及旅行證件）組
資訊系統（發展）科
資訊系統（發展）分科2
資訊系統（計劃管理）組2
資訊系統（電子護照）組
資訊系統（發展）分科1
資訊系統（發展支援）組
資訊系統部行政分科
資訊系統部行政組

（四）管理及支援部

部門由1位助理處長掌管，並由3位首席入境事務主任，分別領導該部轄下的「部隊管理科」、「服務質素科」及「入境事務學院」。

部隊管理科負責處理約7,300名入境事務隊成員的員工福利及紀律、部門的公共關係事宜，管理部門的辦公室和宿舍，以及執行部隊支援等職務。「服務質素科」負責促進部門的卓越服務質素；策劃和執行管理審核；以及監察市民的投訴（包括有關殘疾人士及平等機會的事宜），並對有關投訴作出檢討。入境事務學院則負責入境事務隊成員的招聘、培訓、調配及專業發展事宜。

1. 部隊管理科

部隊管理科由1位首席行政主任掌管，就部門的人事管理、編制管控、財務、物料供應及一般行政工作。

a. 專業發展

管理及支援部轄下的「專業發展」分科負責招聘活動的籌劃、崗位的調配、工作表現的管理及培訓計劃的安排，致力為入境事務隊成員策劃切合所需的專業發展方案。此外，專業發展分科亦負責檢討本處的整體人手調配方案，以應付部門的運作需要。

2. 入境事務學院

負責入境事務隊成員的培訓，制訂每年的培訓及員工專業發展計劃，推行在職訓練及檢討有關課程的成效，並致力為入境事務隊成員提供訓練課程與學習資源，確保各成員具備所需的技能，以應付不同挑戰。此外，學院亦在部門內積極推廣終身學習的文化。

入境事務學院是一座樓高13層的特別用途綜合大樓，設多項訓練及住宿設施。當中還附有一些特別設施，包括快檢通訓練中心、自助出入境檢查系統訓練中心、視像錄影會面室、模擬法庭及實景模擬戰術訓練場，給學員提供一個模擬實際工作情況的訓練環境。

在訓練期間會提供住宿設施給學員，目的是培育學員的紀律意識及建立團隊精神。此外，位於學院的教學資訊廊詳細介紹入境處的工作及歷史發展。

入境事務學院的作用是為入境事務隊成員提供專業知識和技能的培訓，以服務市民。為配合部門的最新發展，入境事務學院除了不斷加強現有的入職和在職訓練外，還積極與內地及海外相關單位安排交流互訪活動。

於 2019 年 11 月 30 日，在前總入境事務主任李學廉先生（前排右四）的安排下，浸會大學持續教育學院「高中應用學習課程（香港執法實務）」的學生參觀位於屯門青山灣的「入境事務學院」。

a. 入職訓練

入境事務學院主要提供兩類訓練課程：入職訓練和在職訓練。入職訓練旨在培訓新聘人員有關執行職務時所需的知識和技能。入境事務主任的入職訓練課程為期25周；入境事務助理員的入職訓練課程則為期14周。

而訓練課程理論與實踐並重，課題涵蓋法律、出入境政策及程序，以及入境事務處的職能和組織架構等。入職訓練特別着重培養學員嚴守紀律，以及為市民提供優質服務的熱忱。

此外，課程亦包括步操、戰術訓練、體能訓練、游泳及急救等訓練。而入境事務主任的入職訓練，更會透過管理工作坊、督導練習及領袖訓練營等不同類型的訓練項目，加強學員的管理技巧和領導才能。

2017年，共180名入境事務主任及320名入境事務助理員在學院完成入職訓練。

b. 在職訓練

學院為不同職級的入境事務隊成員提供各類在職訓練課程，以提升他們的思維及技能。此外，學院亦為各管制站的同事提供出入境管制系統和自助出入境檢查的培訓課程。

c. 其他訓練

學院與部隊管理科在2017年共到訪多個辦事處及管制站23次，並有644位同事參與。

為更能保障辦事處內同事和市民的安全，年內共有41名人員參加了由醫療輔助隊舉辦的基本急救課程，另有429名新入職人員參加了「急救複修課程」。

d. 海外訓練及交流計劃

為裝備同事去面對工作挑戰，學院繼續安排同事接受海外訓練及與海外有關執法機關進行交流，讓他們擴闊視野，增進個人專業知識，並提升管理及領導才能，發揮個人潛能。

2017年，入境處安排了16名同事在海外進修有關管理、發展和調查技巧的培訓課程或參加交流活動。

e. 內地訓練及交流計劃

本處與內地有關當局在工作上的聯絡和接觸日益頻繁。為使入境事務隊成員能擴闊視野，對內地的法律、制度及社會發展有更深入的瞭解，以及促進雙方合作夥伴關係，入境事務學院會安排不同職級的同事到內地交流考察或接受培訓。

f. 顧客服務工作坊

為加強同事的溝通技巧和團隊精神，學院為由入境事務助理員至高級入境事務主任職級的同事，舉辦多個顧客服務工作坊，及將「調解」元素加入工作坊內。

g. 戰術訓練

學院繼續為前線人員提供為期半天的戰術訓練簡介會及為期半天至兩天的戰術訓練課程，以提升前線人員對控制反抗及押解安全的意識。訓練內容包括控制反抗技術以及各種防禦裝備的使用，這些防禦裝備包括防暴護甲、行動制服、防暴頭盔、防暴盾牌、手扣、伸縮警棍及胡椒噴霧劑。

h. 前線人員團隊建立訓練課程

為增強前線同事的溝通技巧、團隊合作及紀律意識，學院不時舉辦為期5天的團隊共融工作坊，目標對象為入境事務主任、總入境事務助理員及高級入境事務助理員。

i. 網上學習及入境事務學院網頁

為推廣終身學習文化，致力讓員工能有效地面對工作上的新挑戰，學院在部門內聯網的入境事務學院網頁提供不同的網上課程，以供同事學習。同時，學院從2010年5月開始與公務員事務局合作，在公務員易學網的互聯網平台上推出不同的網上課程。

透過這兩個平台，員工可按照自己進度及時間表進行學習。員工亦可透過部門內聯網的入境事務學院網頁借閱學習資源中心書籍，以及瀏覽訓練活動錄像、相片及其他有用參考資料。

j. 青年培訓

入境事務學院於2020年1月11日舉行開放日暨青年發展日，介紹部門的歷史和工作，讓公眾更了解部門的最新發展和服務。

2020年開放日暨青年發展日加入有關青年發展的元素，特別邀請不同的青年制服團隊和中小學生參與，而「入境處青年領袖」學員更在場設置攤位遊戲，藉此提高青少年的紀律意識和加深他們對政府工作的了解。

管理及支援部組織圖

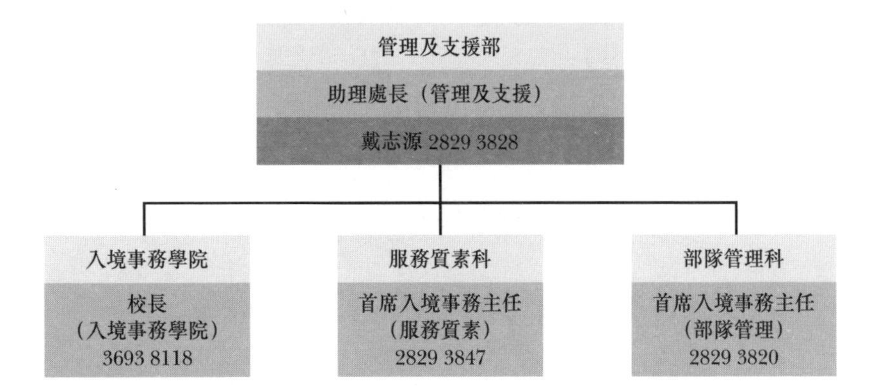
管理及支援部
助理處長（管理及支援）
戴志源 2829 3828
入境事務學院
校長
（入境事務學院）
3693 8118
服務質素科
首席入境事務主任
（服務質素）
2829 3847
部隊管理科
首席入境事務主任
（部隊管理）
2829 3820

（五）個人證件部

部門由1位助理處長掌管，轄下設有「證件科」和「人事登記科」，每科各由1位首席入境事務主任領導。

證件科

負責處理香港特區護照和其他香港特區旅行證件的申請、有關《中國國籍法》在本港實施的事宜，以及處理出生、死亡和婚姻登記的事宜。

人事登記科

人事登記科負責處理根據《基本法》提出擁有居留權的聲請、為香港居民簽發身份證、管理人事登記紀錄、與外國政府商定香港特區居民的免簽證入境安排，及為在香港境外身陷困境的香港居民提供協助。此外，該科還要推行全港市民換領身份證計劃。

人事登記科轄下設有「人事登記」及「特區護照」上訴組，專責處理有關永久性居民身份證及特區護照申請的上訴事宜。

國際協作組

國際協作組轄下的協助在外香港居民小組與中華人民共和國外文部駐香港特別行政區特派員公署（公署）、中國駐外國使領館、外國駐港領事館、香港特區政府駐外辦事處及其他政府部門緊密合作，為身處香港境外而陷於困境的香港居民提供切實可行的協助。

個人證件部組織圖

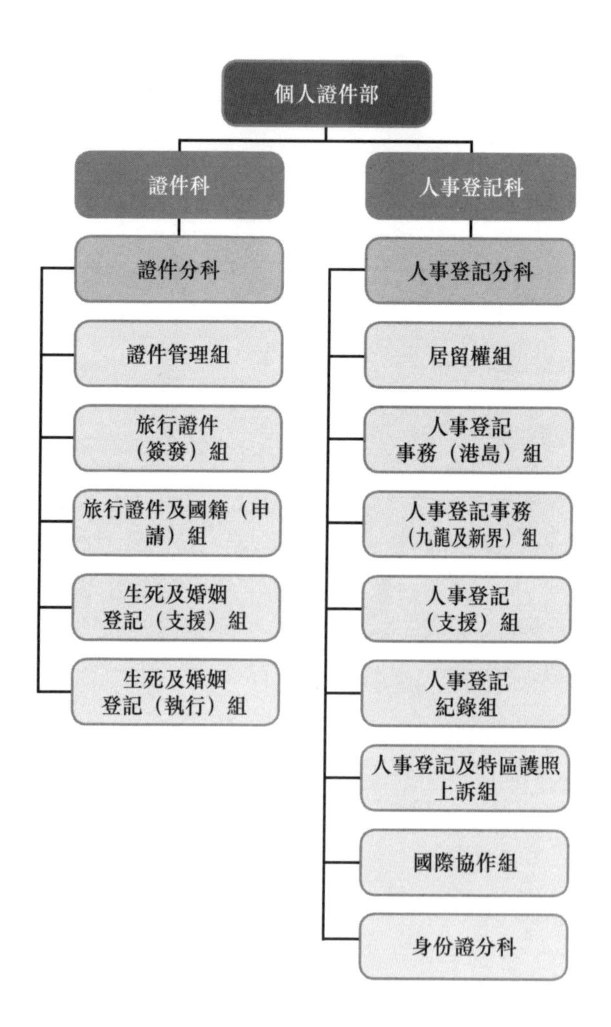
個人證件部
證件科
人事登記科
證件分科
證件管理組
旅行證件（簽發）組
旅行證件及國籍（申請）組
生死及婚姻登記（支援）組
生死及婚姻登記（執行）組
人事登記分科
居留權組
人事登記事務（港島）組
人事登記事務（九龍及新界）組
人事登記（支援）組
人事登記紀錄組
人事登記及特區護照上訴組
國際協作組
身份證分科

此外，該小組設有24小時電話求助熱線「1868」 ,為身處任何國家或地區的香港居民提供緊急協助。同時，外交部的24小時領事保護熱線「12308」亦會根據實際情況及需要，轉介香港居民的求助個案予該小組處理及跟進。

於2018年，該小組處理的求助個案共有3,592宗，當中大部分的求助涉及在境外遺失旅行證件、入院或傷亡等。另外，入境處亦已設立後備支援隊伍，以便一旦發生緊急事故時，可迅速增派人手接聽求助電話和解答市民的查詢，或直接到有關地方為身處當地的香港居民提供緊急支援。

外遊提示登記服務

香港居民在前往外地旅遊前，可以透過「外遊提示登記服務」登記他們的聯絡方法和行程，以便協助在外香港居民小組在緊急的情況下與他們聯絡並提供協助。此外，用戶亦可透撾「我的政府一站通」接收最新外遊警示及相關公開資料，又或視乎情況，同時接收流動電話短訊。截至2018年年底，已有75,454名香港市民登記此項服務。

（六）簽證及政策部

部門由1位助理處長掌管，負責制定和推行有關簽證/ 入境許可證及延期逗留的政策。

部門由「簽證管制（政策）科」和「簽證管制（執行）科」所組成，每科均由1位首席入境事務主任領導。

簽證及政策部的主要工作範圍包括：

1. 制定及覆檢有關簽證事宜的政策和審批程序，以應付本港社會不斷轉變的需要；配合外圍環境的轉變，方便訪客來港；改善簽證和入境許可證制度的政策管理，以及提高此制度的運作效率和效益
2. 按照現行的入境政策和程序，處理來港旅遊、就業、投資、受訓、居留和就讀的入境申請
3. 處理由訪客和臨時居民所遞交的延期逗留申請
4. 防止可能會對香港的保安、繁榮和社會安寧構成威脅的不受歡迎人物入境
5. 處理由聲稱憑藉父親或母親的血統而擁有香港居留權的中國籍人士所提出的香港特區居留權證明書申請
6. 處理有關居留權證明書及簽證管制事宜的上訴、呈請和司法覆核個案

（七）遣送審理及訴訟部

由一位「助理處長」掌管，轄下設有「遣送審理及訴訟科」，由一名「首席入境事務主任」領導，負責：

- 審理免遣返聲請和處理與免遣返聲請及執法有關的訴訟個案
- 檢討及執行處理免遣返聲請的策略
- 制定及推行有關遞解及遣送免遣返聲請不獲確立人士離境方面的措施

簽證及政策部組織圖

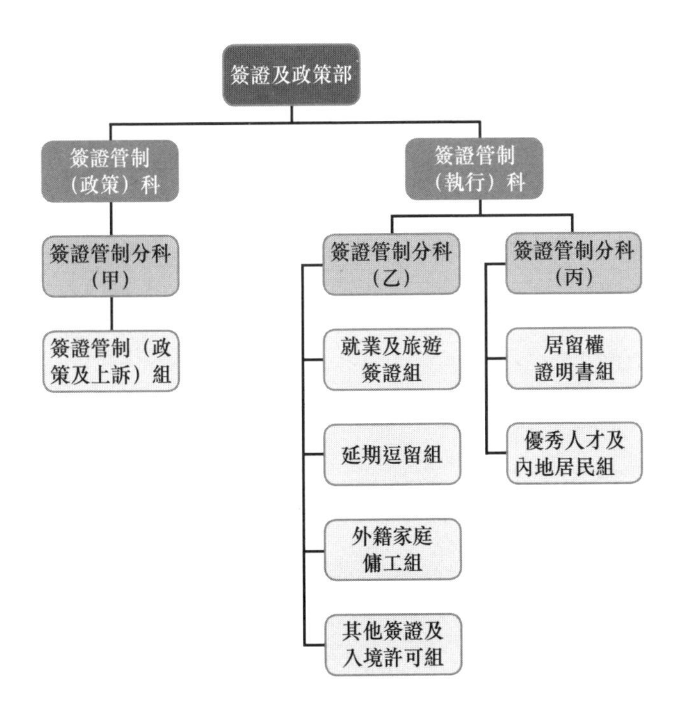

服務承諾

入境處的2020年服務承諾，適用於以下的服務：

1. 在各管制站為旅客辦理出入境檢查
2. 有關國籍的申請事宜
3. 出生、死亡及婚姻登記服務
4. 人事登記
5. 簽發旅行證件
6. 發簽證及許可證
7. 遣送審理及訴訟部*

服務承諾（1）：在各管制站為旅客辦理出入境檢查

服務類別	標準等候時間（分鐘）	目標
香港居民： 所有出入境管制站	15	98% 的旅客
訪客： 機場管制站	15	95% 的旅客
訪客： 其他出入境管制站	30	95% 的旅客

註：以上為表列訂定的標準等候時間及目標，在某些繁忙時段或繁忙期間，又或倘若個案涉及複雜情況，則未必可以達標。

服務承諾（2）：國籍申請

服務類別	在櫃枱的標準處理時間（分鐘）	簽發證件的期限（在收到全部所需文件後）
申報國籍變更	30	確認函件可在即日簽發
加入中國國籍及恢復中國國籍的申請	-	80% 申請可在 3 月內辦完
退出中國國籍的申請	-	80% 申請可在 2 月內辦完

註：在某些繁忙時段或繁忙期間，又或倘若個案涉及複雜情況，則未必可以達標。如有需要，申請人會獲告知在他們的申請得到處理之前需等候多少時間。

服務承諾（3）：出生、死亡及婚姻登記服務

服務類別	在櫃枱的標準處理時間（分鐘）	簽發證件的期限（在收到全部所需文件後）
出生登記	30	登記程序可在即日完成
死亡登記	30	登記程序可在即日完成
遞交擬結婚通知書	30	遞交程序可在即日完成
翻查出生或死亡紀錄	10	7 個工作天（如有關的出生或死亡紀錄已轉換為電腦紀錄，則翻查結果可在 10 分鐘內簽發）
簽發出生或死亡證明書的核證副本（如無需翻查紀錄）	10	7 個工作天（如有關的出生或死亡紀錄已轉換為電腦紀錄，則所需要的證書可在 10 分鐘內簽發）
簽發出生或死亡證明書的核證副本（如需翻查紀錄）	10	10 個工作天（如有關的出生或死亡紀錄已轉換為電腦 紀錄，則所需要的證書可在 10 分鐘內簽發）
翻查結婚紀錄及／或簽發結婚證書的核證副本	10	7 個工作天

註：以上表列訂定在櫃枱的標準處理時間及簽發證件的期限。

- 工作天指星期一至五，公眾假期除外。
- 在某些繁忙時段或繁忙期間，又或倘若個案涉及複雜情況，則未必可以達標。
- 如有需要，申請人會獲告知在他們的申請得到處理之前需等候多少時間。

服務承諾（4）：人事登記

服務類別	在櫃枱的標準處理時間（分鐘）	簽發證件的期限
登記香港身份證	60	7 個工作天

註：以上表列訂定在櫃枱的標準處理時間及簽發證件的期限。

- 工作天指星期一至星期五，公眾假期除外。
- 在某些繁忙時段或繁忙期間，又或倘若個案涉及複雜情況，則未必可以達標。
- 如有需要，申請人會獲告知在他們的申請得到處理之前需等候多少時間。

服務承諾（5）：旅行證件

服務類別	在櫃枱的標準處理時間（分鐘）	簽發證件的期限（在收到全部所需文件後） （此標準並不適用於以下申請個案：申請人聲稱的中國國籍存疑，監管人聲稱對十八歲以下申請人行使監管權而有關的聲稱並不明確，以及旅行證件已遺失或損毀。）
香港特別行政區護照	30	a. 首次申請護照或換領護照：5 個工作天 b. 未滿 11 歲而未持有香港永久性居民身份證的兒童申請香港特別行政區護照：10 個工作天
香港特別行政區簽證身份書	30	5 個工作天
香港特別行政區回港證	30	即日簽發
香港海員身份證	30	即日簽發

註：以上表列訂定在櫃枱的標準處理時間及簽發證件的期限。

- 工作天指星期一至五，公眾假期除外。
- 在某些繁忙時段或繁忙期間，又或倘若個案涉及複雜情況，則未必可以達標。
- 如有需要，申請人會獲告知在他們的申請得到處理之前需等候多少時間。

服務承諾（6）：發簽證及許可證

服務類別	目標（在收到全部所需文件後）
來港「旅遊入境簽證」及「許可證」	所有申請可在 4 星期內處理完畢
來港「工作入境簽證」及「許可證」	90% 的申請可在 4 星期內處理完畢
輸入內地人才計劃入境許可證	90% 的申請可在 4 星期內處理完畢
工作假期入境簽證	所有申請可在 2 星期內處理完畢
其他入境簽證及許可證	90% 的申請可在 6 星期內處理完畢
內地漁工進入許可	95% 的申請可以在 5 個工作天內處理完畢
台灣居民預辦入境登記	所有申請可在申請當天處理完畢並把結果通知申請人
台灣居民訪港 30 天的旅遊許可證	所有申請可在 2 個工作天內處理完畢
發給在港工作、就讀或居留的台灣華籍居民的多次入境許可證	所有申請可在 5 個工作天內處理完畢
香港特別行政區旅遊通行證	所有申請可在 3 星期內處理完畢
香港特別行政區居留權證明書	95% 的申請可在 3 月內處理完畢（此標準不適用於申請人與其聲稱父母的關係存疑，或資料存疑的個案。）

註：以上表列訂定的目標。

- 工作天指星期一至五，公眾假期除外。
- 在某些繁忙時段或繁忙期間，或倘若個案涉及複雜情況，則未必可達標。

Chapter 02
應試必備攻略

小組討論模擬試題

政府應否讓娼妓合法化？

政府應否立法禁止露宿者？

政府應否大力發展生態旅遊？

政府應否全面禁止香煙廣告？

政府應否全面取締電子煙？

政府應否再增加公眾假期的日數？

政府應否繼續以「雙辣招」壓抑樓市？

政府應如何「派錢」給市民？

政府應如何處理「酷刑聲請」？

政府應如何改善香港的貧窮問題？

政府應否再次重新發牌給小販？

政府應否開設賭場，來刺激香港的旅遊業？

政府應怎樣減低公立醫院醫護人員之流失情況？

政府應否增加撥款，資助「精英運動員發展基金」，協助全職運動員？

對於強積金對沖機制，你有甚麼意見？

對於「普教中」，你有甚麼意見？

對於「安樂死」，你有甚麼意見？

對於劏房問題，你有甚麼看法？

對於司法覆核，你認為會否令政府的「丁屋」政策有變？

對於施政報告，你有甚麼意見？

對於財政預算案，你有甚麼意見？

對於「版權修訂條例」，你有甚麼意見？

對於提升綜援金額，你有甚麼意見？

對於香港的房屋政策，你有甚麼意見？

對於「免遣返聲請制度」，你有甚麼意見？

對於「優秀人才入境計劃」，你有甚麼看法？

對於公務員加薪/ 凍薪/ 減薪的幅度，你有甚麼意見？

對於立法設立「標準工時」，你有甚麼意見？

對於推行「全民退休保障計劃」，你有甚麼意見？

對於高鐵實施「一地兩檢」的措施，你有甚麼看法？

對於高鐵項目造價嚴重超支，你有甚麼看法？

對於策劃興建國際機場「第三跑」，你有甚麼意見？

對於香港入境事務處流動應用程式，你有甚麼意見？

對於入境處 YouTube 頻道，你有甚麼意見？

你對於李家超局長曾指出入境處的前線同事，在執行職務有需要時佩戴槍械，你有甚麼意見？

對於入境處的前線同事，如果在執行職務時，使用隨身攝錄機，你有甚麼意見？

對於將深圳戶籍居民本原享有之「一簽多行」，調整為「一周一行」的措施」，你有甚麼看法？

香港政府是否已成功打擊水貨活動？

對於全球反恐，入境處扮演著甚麼角色？

對於「大嶼山自駕遊」計劃，在平日可以讓 25 部私家車進入大嶼南作康樂和消閒用途，你有甚麼看法？

如何促進器官捐贈？

如何幫助年青人置業？

如何改善香港空氣污問題？

如何改善青少年濫藥問題？

如何改善青少年酗酒問題？

如何堵截「酷刑聲請」被濫用？

如何鼓勵香港人多做運動？

如何改善香港房屋需求問題？

如何改善香港人口老化問題？

如何改善香港貧富懸殊問題？

如何提高中學生的語文程度？

如何提高市民大眾的環保意識？

如何建立一個健康的生活模式？

如何打擊聘用非法勞工的罪行？

如何促進香港不同族裔的共融？

如何幫助少數族裔融入香港社會？

如何改善香港骨灰位不足之問題？

如何改善青少年沉迷網上遊戲？

如何吸引更多高消費的外國旅客來港消費？

香港的人口老化問題，對本港帶來哪些影響？

香港的人口老化問題，對入境事務處帶來甚麼影響？

政府延長公務員退休年齡，對入境事務處帶來甚麼影響？

香港應否像新加坡興建賭場，從而提升旅遊業競爭力？

你認為入境事務處的主任級人員，應否全數均由員佐級所晉升？

你認為入境事務處的「理想、使命及信念」之中，哪個信念最重要？

你認為入境事務處，如何提高市民大眾，協助打擊聘用非法勞工的罪行？

如何打擊「假難民」及偷運「人蛇」集團，濫用「酷刑聲請」機制來港打黑工賺錢，或從事其他不法活動？

你認為可否倣效過往的越南難民營，設立「酷刑聲請難民營」，從而減少假難民來港「打黑工」賺錢，或從事其他不法活動？

對於澳門特首崔世安在施政報告中，宣布向澳門居民派錢的做法，你有甚麼意見？

HKIT 同學在 2019 年 11 月參觀入境事務學院。

参觀入境事務學院的模擬法庭。

解構面試中 5 大必考題型

在入境處於招聘「入境事務主任」（Immigration Officer），及「入境事務助理員」（Immigration Assistant）的面試，投考者通常會被問到以下幾類問題：

1. 自我介紹
2. 自身題
3. 入境事務知識題
4. 時事題
5. 處境題

1. 自我介紹

自我介紹題往往是考官最常向考生「出招」的第一條問題。建議考生在面試前預先寫定講稿及重覆練習。

自我介紹的鋪排應要有條不紊，內容要切合考生的學歷、個人背景和工作經驗，還要符合考官的期望，從而令到考官留下一個良好印象。

建議考生可根據以下6大方向構思內容：

1. 投考原因　　2. 適合投身「入境事務處」的質素

3. 學歷　　4. 工作背景

5. 家庭結構　　6. 專長、特別技能

2. 自身題

考生於介紹完畢後，考官通常會根據所述的介紹內容，提問關於考生的「自身問題」。

同時考官亦會利用下列與考生息息相關的自身問題，測試考生是否經常作出自我檢討，發掘自己的優點、缺點、人際關係、工作態度、人生觀及價值觀等。而且當考生遇上批評、遭受挫折以及工作有壓力時，能否達至鎮定自若、堅忍不拔，百折不撓的人格和積極的心態，從而判斷其是否符合、擁有擔任入境處職位的質素。因此，考生應該藉着回答有關自身問題時，盡量展現出各方面的才能。

熱門問題：

你為何想加入入境事務處，並投考入境事務主任？

你為何想加入入境事務處，並投考入境事務助理員？

你覺得自己有甚麼優點、特質、條件，適合成為入境事務主任？

你覺得自己有甚麼優點、特質、條件，適合成為入境事務助理員？

你對入境事務處及入境事務主任的了解多少？

你投考入境事務主任的職位，如何證明及展示擁有領導才能？

你是大學畢業生，為甚麼沒有直接投考入境事務主任，而改為投考入境事務助理員？

你為了今次面試，作了哪些準備？

你過去曾從事過甚麼工作？

你從以往的工作中，學到甚麼？

你過去以及現時在公司的職位是甚麼，職責又是甚麼？

你認為憑過去或現時的工作經驗，哪些可應用於入境處的工作上？

你為甚麼會被公司解僱？當時你為甚麼要辭職呢？

你認為入境處的工作中，最困難在哪方面？

你認為入境處的工作，對香港有甚麼貢獻？

你能否適應入境處不定時的輪班工作？

你能否適應入境處需要通宵當值的工作？

你能否適應入境處需要在不同環境中工作？

你能否承受入境處這份工作所帶來之壓力？

你能否承受入境處這份艱巨的工作所帶來之各種挑戰？

今次遴選有眾多之投考者，在與其他考生相比之下，為何我要聘用你？

如成功獲聘，你冀望能於入境處有甚麼發展，及晉升至哪個職級？

如成功獲聘，你最希望擔任入境處內哪個部的工作？

如你今次投考失敗，你之後的計劃會是甚麼？

上次投考入境事務主任/ 入境事務助理員失敗的原因，有否作出檢討？之後如何作出改進？

你的年紀太輕，如何能夠肩負入境事務主任/ 入境事務助理員這份工作？

你投考入境處這份工作，是否因為「人工高、福利好、有宿舍」？

你擁有哪些優點及缺點？每樣講 3 個。

你擁有哪些專長或特別技能？

你覺得自已有甚麼不足之處，曾經用甚麼方法作出改善？

你有沒有曾經做過幫助他人的經驗？有沒有實際例子？

你有沒有做過義工？於何時開始做義工？有甚麼實際的例子？

你做義工的時候，當中所服務的對象是甚麼人？

你有沒有做過制服團隊？從制服團隊之中學到甚麼？

你有沒有申請面試其他政府部門或私人公司？

如果有申請其他政府部門或私人公司，是申請甚麼的職位？

你有沒有投考其他的紀律部隊？

為甚麼要投考其他紀律部隊？

為何該支紀律部隊沒有聘請你？

其他的紀律部隊都沒有聘請你，為何我們要聘請你？

如果有其他紀律部隊決定聘請你，你會否放棄投考入境處呢？

你最希望投考哪支紀律部隊？你會怎麼排列先後次序？

為甚麼你只是投考入境處，而沒有投考其他紀律部隊？

入境處的職責非常繁重，工作並具危險性，你還會考慮加入嗎？

你認為入境處的工作，是屬於比較沉悶還是具挑戰性？

如將來分配給你的工作非常乏味，並且實在太沉悶，你會否考慮辭職呢？

如果將來發現，入境處的工作，跟理想有所出入，你會怎樣面對？

你認為以自己的能力，在加入入境處後，需要多久才可以升職？

你認為紀律是甚麼？

你認為使命感是甚麼？

請簡單介紹你的家人？例如背景同職業？

請簡單介紹你的學歷？

你日常有甚麼消遣活動？

你喜愛甚麼運動？有沒有曾經參加任何的公開比賽？

有否想繼續進修？如果再繼續進修，會選擇哪些課程？

你認為進修可以有甚麼作用？

為甚麼沒有再繼續進修，從而增值自己？

於讀書時期有甚麼課餘活動，而課餘活動對你有甚麼幫助或者影響？

你的人生目標或者理想是甚麼？你會怎樣去完成？

你有沒有朋友是入境處的成員，他們有否講述關於入境處的工作事情給你知道呢？

你的人生，最大的成就是甚麼？

你曾經面對的重大挑戰和問題是甚麼？你是如何處理的？

在過往的工作之中，有否曾經遇上最難忘的事情？如果有，是甚麼事情？

你擁有大學學位，但申請入境事務助理員，會否覺得浪費？

你擁有大學的學歷，為何不去直接投考入境事務主任，反而申請入境事務助理員的職位？

你擁有大學的學歷，學歷相當之高，如果聘請你成為入境事務助理員，日後會否與其他同事格格不入呢？

你覺得自己有何能力，可勝任入境事務助理員這個職位？

何解你覺得自己適合做入境事務助理員？

你在大學學到甚麼？有沒有可以應用在入境事務處的工作？

何解你在畢業後沒有做任何工作？你在這段時間裡做過什麼？

何解你在畢業後，只是做兼職，而不去找正職的工作？

何解你會經常轉換工作？ 是否與同事相處有問題？

你現時工作情況如何，是否做得不開心，所以想轉做入境處啊？

為何辭去之前的工作？何解失業這麼久？為何你做過這麼多工作，這是否表示你好喜歡轉工？

如果將來入境處的工作令你無法繼續進修，你會怎辦？

何解從事多年文職的工作，會突然投考入境事務助理員？

你一向返朝9晚5的文職工，你的體力又怎可以應付入境事務助理員的工作呢？

你以往的工作經驗都只是文職，與今次投考入境事務助理員的職位、工作性質完全不同。如果真的聘請你，入到學堂一定會好辛苦，更要由低做起，你會如何面對？

如果考不到入境事務助理員，你會找甚麼工作？

依家你用半分鐘時間，説服我要請你的原因？

如果真的聘用了你，你覺得會有什麼方面比較難以應付？

你在自我介紹時提到入境處是保護香港大眾安全，何解你會有這種看法？入境處其實如何可以做到？

你有無朋友做紀律部隊？你在他們身上有何體現到甚麼？又學到甚麼？

何解之前投考多個政府部門及紀律部隊，現在才投考入境處？

你的體能測驗成績這樣好，為何不投考消防處，而投考入境處？

你的體能測驗成績只是勉強合格，你如何保證入職後，可以履行日常職務？

於自我介紹期間，你曾經提及願意接受挑戰。那麼你覺得入境處職員會面對甚麼挑戰？

於自我介紹期間，你曾經提及做入境處職員要有使命感，請解釋何謂「使命感」？使命感是內在還是外在的表現？

何解不完成副學士才投考入境處？ 你不覺得浪費學費？

你喜歡和甚麼類型的上司合作？

你對你未來的上司有甚麼期望？

你會和你不喜歡的人一同工作嗎？如果遇上不喜歡的人，並與你一同工作，你會怎樣處理呢？

3. 入境事務知識題

考官會考核投考者對於入境處的認識，當中包括：入境處的組織架構、部門職系、職能範圍、法例、官員名稱等，從而瞭解考生是否真的為了投考入境處的職位，而做了最基本的準備工作。

熱門問題：

現任入境事務處處長是誰？

現任入境事務處副處長是誰？

入境事務處有多少位助理處長？

- 助理處長（管制）是誰？
- 助理處長（執法）是誰？
- 助理處長（資訊系統）是誰？
- 助理處長（管理及支援）是誰？
- 助理處長（個人證件）是誰？
- 助理處長（簽證及政策）是誰？

入境事務處的理想、使命及信念是甚麼？

入境事務處有哪些服務承諾？

入境事務處有哪些職級/ 階級？

入境事務處的職責是甚麼？

入境事務處的編制中，合共擁有多少人員？

入境事務處是負責執行香港哪些法例？

入境事務處有多少個部？

- 「管制部」的職責及工作範疇是甚麼？

- 「執法部」的職責及工作範疇是甚麼？
- 「資訊系統部」的職責及工作範疇是甚麼？
- 「管理及支援部」的職責及工作範疇是甚麼？
- 「個人證件部」的職責及工作範疇是甚麼？
- 「簽證及政策部」的職責及工作範疇是甚麼？

入境事務主任的職責是甚麼？

入境事務助理員的職責是甚麼？

入境事務學院隸屬於哪一個部呢？

- 入境事務學院會提供哪些訓練課程？
- 入境事務主任的入職訓練需要多少星期？
- 入境事務助理員的入職訓練需要多少星期？
- 入境事務學院開放日，安排了甚麼活動，增加市民對部門的瞭解？

入境事務主任的起薪點及頂薪點分別是多少？

入境事務助理員的起薪點及頂薪點是多少？

試講解「入境處特遣隊」的職責及工作範疇。

「反黑工突擊隊」的職責及工作範疇是甚麼？

「優秀人才和科技人才入境計劃」的內容是甚麼？

本港設有多少個陸路口岸（車輛）出入境管制站？地點在哪？

入境事務處總部辦事處在哪裡？

請介紹入境事務處總部辦事處有甚麼組別？組別的服務範圍又是甚麼？

入境事務處有幾多個「分區辦事處」？辦事處又提供哪些服務？

入境事務處的「生死登記總處」，地點設在哪裡？

入境事務處的「生死登記總處」可以提供哪些服務？

入境處設有多少個「人事登記辦事處」？請介紹其中一個。又，地點設在哪裡？

- 請介紹「人事登記辦事處」有哪些服務範圍？

入境事務處設有多少個「婚姻登記處」，地點設在哪裡？

- 「婚姻登記處」包括有哪些服務範圍？

入境事務處設有多少個「死亡登記處」，地點設在哪裡？

嬰兒出生後多少天內，可免費辦理出生登記？

「行街紙」是甚麼？有甚麼用途？有沒有期限？

哪些管制站增設具備語音輔助功能的「e-道」？從而便利視障人士使用？

現時共有多少個國家和地區，給予「香港特區護照」持有人「免簽證入境」或「入境時發給簽證待遇」？請指出其中的兩、三個。

入境事務處隸屬哪個局？該局長又是誰？

保安局局長是誰？

- 現任的保安局局長，曾經是隸屬哪支紀律部隊的處長？

- 保安局副局長是誰？

- 現任的保安局副局長，曾經是隸屬於哪一支紀律部隊呢？

你有否看過入境事務處處長發表的最新「入境事務處工作回顧」？

- 入境事務處去年的工作回顧中，有哪些重點？

- 入境事務處於對上一年曾經獲頒哪些獎項？

- 入境事務處處長對來年有甚麼展望？

入境事務處的網頁內有甚麼資訊？請盡量講出來。

有關「香港身份證」、「新一代智能身份證」：

智能身份證分為多少類？

智能身份證正面載有哪些資料？

智能身份證上的符號代表甚麼？

智能身份證中的晶片，載有哪些資料？

智能身份證採用了哪些精密的防偽特徵？

智能身份證的優點甚麼？

智能身份證閱讀機是甚麼？有甚麼功能？裝設在哪裡？

智能身份證應該如何保護？

市民但凡年滿多少歲或以上的香港居民（除獲豁免或無須登記的人士外），就必須登記及領取身份證？

甚麼是《豁免登記證明書》？

如果身份證遺失、毀滅、損壞或污損，應該如何處理？

香港居民在旅遊時遺失身份證，應該如何處理？

何時開始推出「新一代智能身份證」？

「新一代智能身份證」會加入哪些功能？

「新一代智能身份證」會加入哪些新的防偽特徵？

「全民換證計劃」是甚麼？

何時會展開「全民換證計劃」？

全香港需要額外設多少間「臨時換證中心」去處理「全民換證計劃」？

預計需要增加大約多少個短期職位去處理「全民換證計劃」？

安排更換「新一代智能身份證」會參考哪些數據，以制定換證次序？

有關「入境處流動應用程式」的問題：

入境事務處何時推出入境處流動應用程式？

入境處流動應用程式載有哪些訊息？

流動程式內有關估計旅客輪候過關狀況的資料，每隔多久更新一次？

入境處的流動應用程式曾獲得哪些獎項？

你有沒有下載入境處流動應用程式？

你覺得入境處流動應用程式有哪些需要改善呢？

有關入境處「YouTube頻道」：

入境事務處於何時推出 YouTube 頻道？

入境處 YouTube 頻道共分多少個類別？有多少條短片？

在「服務動資訊」類別之中，主要介紹哪些資訊？

在「關於我們」及「部門活動花絮」類別中，主要介紹哪些資訊？

入境事務處是根據哪些準則，從而拍攝 YouTube 頻道的短片？

短片稍後會設有哪種語文旁述，及附有哪種文字的字幕？

你覺得入境處 YouTube 頻道有哪些需要改善的地方？

你有沒有看過入境處 YouTube 頻道？

有關「出入境管制站禮貌運動」：

入境事務處舉辦「禮貌運動」的目的何在？

入境事務處會每隔多久，舉辦一次「禮貌運動」？

入境事務處的「禮貌運動」是於多少個出入境管制站內，投票予待客有禮的入境管制人員？

如旅客認為替他們提供出入境檢查服務的人員表現值得嘉許，如何投該人員一票？

於「e-道」提供服務的出入境管制站人員，如旅客認為有關人員在協助旅客時服務可嘉，是否亦可投以一票？

有關「優秀人才入境計劃」：

「優秀人才入境計劃」於哪年推出？

「優秀人才入境計劃」的宗旨是甚麼？

「優秀人才入境計劃」不適用於哪些地區的國民？

申請人須符合哪些基本資格？

申請人的年齡必須在哪個歲數或以上？

申請人在財政方面須具備哪些條件？

申請人在「良好品格」方面須具備哪些要求？

申請人在語文能力方面須具備哪些資格？

申請人在基本學歷方面須具備哪些資格？

申請人在符合基本資格後，可選擇哪些計分制度的方式接受評核？

「綜合計分制」中，可獲取最高的分數是多少？

「綜合計分制」中，最新適用的「最低及格分數」是多少？

透過綜合計分制成功獲分配名額的，主要來自哪四個工作界別？

「成就計分制」是甚麼？

如要成為「成就計分制」的合適申請人，須具備哪些資格？

申請人如符合「成就計分制」所列的其中一項要求，可獲多少分？

透過「成就計分制」獲分配名額的申請人，主要來自哪兩個界別？

有關「學歷認證」：

新人接受「入境事務處助理員」入職訓練，而可考取的「入境事務及管理專業文憑」，獲認為資歷架構第幾級？與甚麼學歷等同？

「高級入境事務助理員」經在職訓練，而可考取的「入境事務及管制預修管理專業證書」，獲認可為資歷架構第幾級？與甚麼學歷相若？

「總入境事務助理員」經在職訓練而可考取的「入境事務管制前線管理專業證書」，獲認可為資歷架構第幾級？與甚麼學歷相若？

有關「輸入中國籍香港永久性居民第二代計劃」：

「輸入中國籍香港永久性居民第二代計劃」 試驗計劃是何時推出？

有哪些國家不適用於「輸入中國籍香港永久性居民第二代計劃」？

申請人須要符合哪些資格，才可以申請「輸入中國籍香港永久性居民第二代計劃」？

提出申請此計劃時，申請人之年齡應介乎於哪個歲數？

根據此計劃，何謂「在海外出生」？

你覺得入境事務處為甚麼會推出「輸入中國籍香港永久性居民第二代計劃」？

你覺得入境事務處推出的「輸入中國籍香港永久性居民第二代計劃」的成效如何？

成功獲批的申請人，主要來自哪些國家？

成功獲批的申請人，主要之年齡介乎哪個歲數？

有關「工作假期計劃」：

「工作假期計劃」的宗旨是甚麼？

哪些國家與香港特區就「工作假期計劃」達成雙邊協議？

申請人須符合哪些資格，才可以參加「工作假期計劃」？

在提出申請「工作假期計劃」的青年人，其年齡應介乎於哪個歲數？

參加者是否需要提供經濟證明 ？

參加者是否需要就他們在當地逗留期間購買保險？

是否有名額限制？

如何在當地找尋工作機會？

如在當地遺失金錢、護照或其他物品，甚至遇到緊急事故應如何處理？

有關「外遊警示制度」：

甚麼是「外遊警示制度」？

外遊警示制度現時覆蓋了多少國家/ 屬地？

外遊警示制度是以哪些顏色警示作風險評估？

黑色級別外遊警示的國家/ 屬地，代表該地出現哪些情況？

紅色級別外遊警示的國家/ 屬地，代表該地出現哪些情況？

黃色級別外遊警示的國家/ 屬地，代表該地出現哪些情況？

請說出一個被歸類為黑色級別的外遊警示的國家/ 屬地。

請說出一個被歸類為紅色級別的外遊警示的國家/ 屬地。

請說出一個被歸類為黃色級別的外遊警示的國家/ 屬地。

「外遊警示制度」的風險評估是由政府哪個政策局 / 部門負責的？

評估風險會包括哪些因素，從而考慮是否需發出「外遊警示」？

若有公共衞生的理由，會按政府的哪個部門建議的警戒級別，發出「外遊警示」？

甚麼是「外遊提示登記服務」？

如何登記使用「外遊提示登記服務」？

如身處外地而發生緊急情況時，入境事務處哪個部門，可根據你提供的資料與你聯絡，並提供切實可行的協助？

入境事務處「協助在外香港居民小組」24 小時求助熱線號碼為？

有關「執法行動代號」：

「風沙」、「曙光」、「冠軍」、「驚愕」、「沙暴」、「天網」、「日杆」及「日杆 II」，以上「行動代號」是執行哪些特別的行動？

入境處「打擊有關水貨活動」的違法行為的行動代號名稱是甚麼？

入境處在「風沙」行動中與哪些政府部門採取聯合行動？有何成效？

入境處在「日杆」及「日杆 II」中，與哪些政府部門採取聯合行動？當中又有何成效？

有關「網上舉報違反入境條例罪行」：

如透過「網上舉報違反入境條例罪行」，主要舉報的罪行包括哪些？

如透過「網上舉報違反入境條例罪行」，當中需要有多少個步驟？

如在香港境外干犯的罪行，是否可以透過網上舉報該罪行？

除網上舉報外，還可經哪些途徑向入境處舉報違反入境條例罪行？

有關「免遣返聲請」：

「統一審核機制」是甚麼？何時開始實施？

「統一審核機制」是審核哪些情況？

最近「免遣返聲請」的南亞裔人士，牽涉哪些罪行？

入境事務處的「免遣返聲請」個案，積壓的情況如何？你可以提供解決的辦法嗎？

入境處增設哪個階級職位，全面檢討處理「免遣返聲請」策略？

入境事務處將會增設的助理處長（遣送及審理訴訟）」職位，會為期多久？

有關「青山灣入境事務中心」：

「青山灣入境事務中心」於何時投入運作？

中心由哪支紀律部隊將其交還入境事務處管理？

中心是專為根據《入境條例》從而羈留哪些人呢？

中心是一所專為根據《入境條例》被羈留及等候遣返的違規人士而設的羈留中心，而羈人士的年齡是多少歲或以上？

派駐中心的入境處管理人員須先接受有關工作培訓，課程為期多久？

整個訓練課程包括有哪些內容？

「羈留中心管理課程」需要訓練多久？

「戰術訓練」需要訓練多久？

你認為「青山灣入境事務中心」的入境事務處人員，可以獲警務處豁免牌照在中心內持有及使用防暴裝備嗎？為甚麼？

4. 時事題

在入境處的招聘遴選面試裡，時事問題亦成為過程中的熱門題目。考官除想瞭解考生是否有留意社會時事發展之外，還希望考生能夠勇於表達意見，例如：施政報告、財政預算案等重要新聞，並從中展現出具有分析能力、判斷能力和多角度思維。考生在表述具有爭議性的時事問題時，應多引用正、反兩方的論點，並且以較中立持平的態度去闡釋自己的觀點。在答問時，不應有偏激的言辭，最後才加上自己的意見及作出總結。

熱門問題：

香港特區護照可以在多少個國家及地區獲得免簽證入境待遇？

在全球護照免簽證入境排名之中，香港特區護照排名第幾？

全球宜居城市的榜首是哪國城市？

全球最宜居城市的評分會根據哪些因素？

全球最適宜居住城市的排名，香港排第幾名？

今天有甚麼特別的新聞？

入境事務處最近有甚麼新聞？

你日常喜愛閱讀哪些種類的新聞？

三位司長的名稱？「三司十三局」是甚麼？

現時政府設有幾多個政策局？局長由誰出任？

創新及科技局局長是誰？

立法會主席是誰？立法會有多少個議席？

立法會正常的選舉任期是多少年？立法會何時會再次選舉？

行政會議召集人是誰？行政會議的職能是甚麼？

「二十國集團」(G20) 財長會議是甚麼？

「二十國集團」(G20) 今年的會議在何處舉行？當中有哪些議題？

你對於歐盟的「神根公約」有甚麼認知？

是甚麼原因令「神根公約」面臨瓦解？

如果「神根公約」瓦解，會產生甚麼影響？

英國公投脫離歐盟後，會面對甚麼問題，應如何應對？

英國公投脫離歐盟後，歐盟會面對甚麼問題？應如何應對？

你對於回教極端組織「伊斯蘭國」（IS）有何認知？

敍利亞哪年開始爆發內戰，令數百萬名敍利亞人湧到外國成為難民？

你對於敍利亞難民偷渡到歐盟國家，尋求居留而產生的歐洲移民危機，有甚麼意見？

你對於羅興亞難民問題有甚麼認識？你同意孟加拉政府打算增建難民營收容更多羅興亞難民的做法嗎？

為甚麼聯合國安全理事會，要對北韓發出最嚴厲的新制裁決議？

聯合國安全理事會，對北韓發出新的制裁，當中涉及有哪些範圍？

北韓是否屬於「外遊警示制度」名單中的國家？

你對於「寨卡病毒」有甚麼認知？

為甚麼美國總統提名戰的這一天，又被稱為「超級星期二」？

你對於「2019 冠狀病毒」有甚麼認知？這病毒對入境管制工作有甚麼影響？

5. 處境題

考官會利用「處境題」，去評估考生的應變能力、解決問題的能力、工作熱誠、處事態度和反應等；而這類問題通常會與入境處的日常工作處境有關。

處境題並沒有固定的標準答案，建議考生應該要從不同層面去進行思考，並且代入不同角色以及要從人性化的角度作考量。

熱門問題：

假如你正在入境事務學院接受訓練，你如何與同事融洽相處？

假如你已成功入職，最希望加入哪個部門？原因？

假如你已成功入職，你會如何協助打擊非法偷渡來港的犯罪集團？

假如你已經成為入境處的同事，如果因為人手不足等原因，要你經常加班，你會怎樣處理？

假如你在出入境管制站工作，期間見到有一名香港居民向你表示，剛從內地返港之時，發現遺失身份證，你會怎樣協助對方？

假如你在出入境管制站工作，遇上無理取鬧的人，你會怎樣處理？

假如你在出入境管制站工作，見到2名男子打架，你會如何處理？

假如你在出入境管制站工作，有遊客要投訴你的同事，你會如何處理？

假如你在出入境管制站工作，遇到外籍小孩與父母失散，你會怎處理？

在出入境管制站工作期間，發現有外籍人士持假護照，你會如何處理？

假如你在出入境管制站工作，期間見到有個旅客的鼻上有些白色的粉末，你會怎樣處理？

假如你在出入境管制站工作，期間見到有一名外籍女遊客醉酒，睡在大堂中，你會如何處理？

假如你在出入境管制站工作，期間有人聲稱見到前面有個老婆婆正在禁區外面行乞，你會如何處理？

假如你在出入境管制站工作，期間有人聲稱前面有位老婆婆在禁區外面徘徊很久，未知發生了甚麼事情，你會如何處理？

假如你在出入境管制站工作，期間有一位外籍旅客不滿排隊過關太久，用粗言穢語辱罵你，並且要你立即道歉，你會怎樣處理？

假如你在出入境管制站工作，期間「目測」檢測一部私家車，懷疑車內有懷孕達七個月的孕婦，企圖闖關來港產子，你會如何處理？

假如你被派駐守青山灣入境事務中心，當值期間有犯人不斷地向你粗言辱罵及作出挑釁，你會怎樣處理？

假如你被派駐守青山灣入境事務中心，當值期間與另一位入境事務助理員一同看管 50 名犯人，突然有 10 名犯人準備打鬥，你會怎處理？

假如你駐守香港國際機場，期間有外國遊客坐的士來到機場後，向你表示，發現他的護照遺留在的士上，你會怎樣處理？

假如你已經成為入境處的同事，因為行動上的需要，要你前往其他國家，協助身陷困境或需要援助的香港居民，你會怎樣辦？

假如你已經成為入境事務處的同事，於畢業後，隨即被派駐沙頭角出入境管制站工作，由於上班地點實在太遙遠，你會怎樣處理？

假設你是一個五人小隊的隊長，需要去一所餐廳拘捕非法勞工。行動前，你會如何提點下屬？

假如你和兩名 IA 要強行遣返兩名刑滿的巴基斯坦籍囚犯，但他們不合作，在機場作出反抗，更打傷其中一名 IA，你會如何處理？

優點和缺點的處理技巧

在投考入境處的「入境事務主任」（IO）及「入境事務助理員」（IA）之遴選面試時，考官經常會問考生這一條問題：「請講出你的優點和缺點。」回答此類問題時，考生應根據個人性格、獨特的專長、有針對性地回答。

關於優點

考官問投考者有關於「優點」這個問題，當中主要是有 2 個原因：

1. 判斷考生是否真實地表述其自己的優點
2. 考生的優點是否入境事務主任及入境事務助理員所需要的質素

關於缺點

在遴選面試時，考生如果因為提及的缺點，會令到考官不想聘用你為入境事務主任及入境事務助理員，那麼其實一切努力都是白費！

建議考生所表述的缺點，首要是不會影響投考入境處的有關職位。故此，應以避重就輕為大前提，並只表述一些對投考入境處工作影響不大的「小缺點」。當然，如果可以運用説話技巧，將小缺點變成優點，令考官認同你所提及的小缺點並不會影響未來擔任入境事務主任及入境事務助理員所處理的日常職務，就最理想了。

面試前的準備工作：

1. 考生在出席入境處的遴選面試之前，就應該要好好地分析自己的條件，並且列出自己的 3 個優點及缺點
2. 應要為每個優點及缺點找出相關的實際例子，而且最好取材自學

校、工作和生活等幾個方面

3. 在這 3 個優點及缺點，應要與入境處的職務/ 工作最吻合的

以下是考生經常用於遴選面試時所述的優點和缺點供參考：

優點：

有禮貌	有勇氣	有紀律
有愛心	有恆心	有鬥心
有耐性	有毅力	有效率
有責任心	有自信心	有同情心
有同理心	有使命感	有幽默感
有冒險精神	有組織能力	有領導才能
懂得易地而處	喜歡幫助別人	重視團隊精神
具有主動性	處事嚴謹	能夠刻苦耐勞
對工作有熱誠	願意承擔責任	擁有應變能力
擁有創新的思維	良好的觀察力	良好的表達能力
良好的溝通技巧	良好的人際關係	平易近人，易於與人溝通

關心弱勢社群、服務社會	關心社會及時事工作	喜歡 Team Work 的
良好的寫作技巧	能夠操流利的兩文三語	擁有正直及誠實的品格
勇於面對任何逆境及難關	守時、善良	公正、無私
細心、耐心	樂觀、開朗	獨立、外向
積極、進取	機智、聰明	誠懇、坦白

缺點：

感性	內向	慢熱
貪玩	年齡大	感情用事
墨守成規	要求過高	好勝心強
固執、執著	堅持、硬頸	體能比較弱
人生經驗不足	工作經驗較淺	工作過份認真
工作過份嚴謹	為人比較嚴肅	為人比較文靜
容易相信別人	語文能力比較差	

以下是絕對不可以「使用」的「致命缺點」內容：

幼稚	任性	害羞	耳仔軟	愛記仇	愛鬥氣
愛逞強	無紀律	虛榮心重	自尊心强	貪生怕死	好管閒事
好勇鬥狠	脾氣暴躁	性格衝動	性格孤僻	為人懶惰	我行我素
獨斷獨行	自私自利	自作聰明	自視過高	自以為是	有勇無謀
沒有主見	沒有耐性	逃避困難	意志薄弱	反應緩慢	心胸狹窄
好高騖遠	容易緊張	鑽牛角尖	愛恨分明	表裡不一	優柔寡斷
猶豫不決	意志薄弱	入世未深	做事三分鐘熱度		

【錯誤例子】

1. 「阿 Sir，我的缺點就是太熱愛工作，及比一般人勤力。」
   (此答法會讓考官覺得你自以為是)
2. 「阿 Sir，我覺得沒有缺點。」
   (此答法會讓人覺得投考者缺乏自我檢討)
3. 「阿 Sir，我的缺點就是不懂得做家務。」
   (與入境處工作無關)

總結缺點的解拆：

考生在招聘入境事務主任及入境事務助理員的遴選面試中，表現出對自己的缺點一無所知、答非所問、過度自卑或自吹自擂，是最令考官失望的，因而很難獲得聘任。

一個人有缺點並不可怕，可怕的是大部份的考生並不肯承認它、正視它以及改正它。從另一角度來看，缺點與優點其實是可以相互轉化的，因為有些缺點對某一些種工作而言，原來亦都是優點。

例如：考生表述的缺點是「墨守成規」，意思是指思想保守，跟隨著舊規則不肯改變。雖然表面上看似負面，但入境處的工作，就是需要根據法例、指引而執行，因此考生能夠跟隨著舊規則工作，可能反而變成優點。

事實上世界沒有一個人是十全十美的，因此每個人都會擁有自己的缺點。所以，考生不用堅持為自己的缺點辯護。相反，考生最重要的是坦白承認自己的缺點，並且讓考官認同你所提及的缺點並不礙事。

即席演講 (Impromptu Talk) 詞彙參考

A Ability, Abandon, Abuse, Abundant, Accept, Access, Accident, Accomplishment, According, Achievement, Action, Adolescent, Adventure, Affair, Affection, Affirmation, Africa, Agency, Agenda, Aggressive, Ad hoc,Aim, Alert, Alibaba, Allegation, Alliance, Alternate, Ambition, Analysis, Angry, Apollo, Appreciation, Approach, Argument, Army, Armament, Arrest, Assembly, Assessment, Assignment, Assurance, Attack, Attempt, Attitude, Australia, Available, Average

B Badge, Balance, Bargain, Batch, Base, Basis, Battle, Beacon, Believe, Benefit, Blame, Bodyguard, Bonus, Border, Boundary, Bride, Bridegroom, Briefcase, Briefing, Brilliant, Budget, Buffet, Bundle, Bulletin

C Cadre, Capitalism, Captive, Care, Casino, Ceremony, Chairman, Challenge, Change, Channel, Characteristic, Charity, Charter, Chase, Cheat, Clear, Clown, Coincidence, Comfortable, Commit, Commitment, Communication, Compassion, Complaint, Confidence, Confusion, Collaboration, Colleague, Combat, Concession, Conflict, Conspire, Consul, Consequence, Conservation, Constrain, Consumer, Contract, Control, Core, Contingency, Contribution, Conviction, Counterfeit, Criminal, Crisis, Critical, Crystal, Culture, Currency, Custody, Cyber

D Damage, Data, Deal, Debt, Deep, Defensive, Deficit, Definition, Dentist, Deportation, Descendant, Description, Deserve, Dessert, Destroy, Detective, Detention, Determination, Development, Different, Difficulty, Dinosaur, Diplomatic, Disagreement, Disaster, Discipline, Disclose, Discount, Discover, Dishonest, Disobey, Disorder, Dispute, Disclosure, Distribute, Direction, Discourage, Dragon, Drama, Drugs

E Earnest, Earthquake, Ecotourism, Eden, Effect, Efficiency, Egypt, Elaborate, Elderly, Embassy, Emergency, Emissary, Emotion, Empathy, Emperor, Empire, Empress, Endeavour, Enemy, Energy, Enforcement, Enlightenment, Enough, Enterprise, Evidence, Environment, Escort, Espionage, Evolution, Excellent, Exclude, Exist, Exhibit, Experience, Expert, Explanation, Extensive, Extreme, Exterminate, Evacuate

F Fabrication, Facial, Facility, Fairness, Faith, Faker, Fatal, Favor, Fear, Feature, Federal, Feeling, Festival, Field, Financial, Firearm, Fitness, Fleet, Flexibility, Focus, Footman, Foreigner, Forgery, Formula, Formal, Formation, Format, Fortress, Forum, Foundation, France, Fraud, Fraudsters, Freedom, Friendliness, Frontline, Function, Furniture

G Gambler, Gang, Generation, Genius, Global, Goal, Gossip, Government, Grain, Groundless, Growth, Guardian, Guest

H Handle, Harassment, Harmony, Headquarters, Hearsay, Hedonism, Help,Hereditary, Hero, Heroin, Highway, History, Hoax, Hollywood, Honest, Horrible, Humanity, Hunter

I Ideas, Idol, Immigrant, Impartiality, Important, Imprisonment, Improvement, Implementation, Incident, Include, Increase, Independent, Indigenous, Informer, Informant, Infrastructure, Integrity, Instrument, Interdict, Interest, Interim, Instruction, Intensive, Intention, Intelligence, Interaction, Interdiction, Investigation, Involve, Issue

J Jackpot, Judge, Judgement, Junk, Justification, Juveniles

K Key, Kimchi, Kingdom, Kindergarten, Koran, Korea, Knowledge

L Labor, Laboratory, Laugh, Launch, Law, Layman, League, Leader, Leadership, Lebanon, Legend, Lemon, Liability, Liaison,Library, Libya, Lie, Lifestyle, Localization, Logically, Logo, London, Loyal

M Macao, Magazine, Maintenance, Major, Manpower, Management, Manner, Manual, Manufacture, Margin, Mars, Mastermind, Masterpiece, Material, Mature, Measure, Mediocre, Memory, Metropolitan, Mission, Mistake, Misuse, Modernization, Model, Modify, Monetary, Moslem, Mosque, Motivation, Movie, Museum, Musketry, Mysterious

N Napoleon, Narcotics, Nation, Necessary, Neighborhood, Negotiation, Nepal, Nest, Network, Nobility, Noblesse, Noise, Novel, Nuisance

O Oath, Obama, Objection, Observation, Obstruct, Obtain, Octopus, Offence, Offender, Official, Olympic, Opera, Operation, Opinion, Opportunist, Opportunity, Optical, Optimum, Order, Orderliness, Ordinance, Organic, Organized, Organizer, Original, Oscars, Outcome, Outsider

P Pakistan, Palace, Panic, Parade, Partner, Passion, Patrol, Pave, Pawn, Peer, Peaceful, Peacock, Penalty, Pepper, Performance, Petition,

Phishing, Piano, Pilot, Pioneer, Platform, Pledge, Plunder, Poison, Potential, Powerful, Practical, Premises, President, Pressure, Pretender, Prevention, Previous, Principle, Prison, Prisoner, Problem, Probation, Procedure, Product, Prohibition, Professional, Professionalism, Proficient, Proof, Proposal, Prospects, Protection, Punish, Purpose

Q Quality, Questionnaire, Quota

R Radiation, Rank, Reaction, Real, Realize, Recidivism, Refugee, Refuse, Regulation, Rehearsal, Reinforce, Reject, Relationship, Release, Reliable, Remove, Requirement, Rescue, Reserve, Respect, Restore, Restrict, Resolution, Respond, Responsibility, Retribution, Reveal, Review, Risk, Rickshaw, Romantic, Root, Routine, Ruin, Rule, Russia

S Safest, Sagittarius, Salmon, Salt, Satellite,Scanner, Scenario Scheme, Schedule, Search, Secret, Selection, Sensitive, Service, Shadow, Share, Situation, Slippery, Smooth, Smuggling, Snatch, Society, Soldier, Source, Spectacular, Spouse, Spy, Skill, Stable, Standard, Standby, Statement, Steadfast, Stranger, Strengthen, Struggle, Strategy, Success, Sufficient, Suggestion, Sunshine, Supreme, Surrender, Survey, Sushi, Suspect, Sydney, Symbol, Symposium

T Taboo, Taciturn, Tackle, Tactical, Talent, Target, Task, Tattoo, Teamwork, Technology, Teenager, Temporary, Terrible, Terrorism, Terrorist, Theatre, Theorem, Threat, Thief, Tips, Tobacco, Tolerate, Tomato, Toothbrush, Tourism, Tourist, Trace, Traditional, Traffickers, Transition, Treasure, Trend, Triad, Troublemaker, Trust, Tsunami, Twins

U Unaccountable, Ultimately, Uncommunicative, Uncover, Undercover, Undesirables, Uniform, Union, Universal, Unjustified, Ukraine, Unlawful, Unnecessarily, Unreasonable, Unstoppable, Unusual, Unveil, Upset, Uprightness, Upshot, Usefulness, Usually ,Utensil

V Vagrant, Vain, Values, Various, Vehicle, Venus, Verify, Verdict, Version, Vertex, Vice, Vicinity, Victim, Victory, Vietnam, View, Vigor, Village, Violence, Virtue, Virus, Vision, Voice, Volunteer, Voucher, Vulnerable

W Wanderer, Wanted, War, Warrant, Weapon, Welcome, Welfare, Wish, Willpower, Witness, Worldwide, Worry, Workshop, Wound, Wrongful

X X-ray, Xmas

Y Yemen, Youngster

Z Zero, Zipper, Zone, Zoo

Chapter 03
入境事務助理員

入境事務助理員遴選流程

申請人在網上報名後會收到電郵通知，列明體能測驗和小組討論的日子。如用郵遞申請，也會收到類似的書面回覆。

【第一關】體能測驗（Physical Fitness Test）

（註：申請人必須通過入境事務處在香港舉行的體能測驗，才有機會參加於同日舉行的小組討論。體能測驗及小組討論詳情會適時於入境事務處的網站內公布。申請人通常會在體能測驗日期前至少一星期接獲通知。）

【第二關】小組討論（Group Discussion）

（於通過體能測驗後即日進行）

【第三關】甄選面試（Final Interview）

【第四關】基本法知識筆試（Basic Law Test）

【第一關】體能測驗

在測驗當日，考生應帶備身份證，及列印通知信件，於較指定時間約早半小時抵達。應考時，考生需先填一份聲明表格，之後考官會讓考生觀看一條涵蓋整個測驗範圍的短片。跟著，考官亦會安排有需要的考生更換運動服。之後考官會再解釋整個體能測驗的流程，然後讓考生做熱身運動。接著，考生便需要進入考場（運動場）作最後準備。男、女考生會分開考，然後按號碼安排考生逐個進行5項體能測驗。

無論是投考「入境事務助理員」或「入境事務主任」的考生均須接受測驗。計分方法均適用於男、女考生。

「體能測驗」包括以下 5 個項目：

項目	績分					
	0	1	2	3	4	5
仰臥起坐（1 分鐘）（次）	<17	17-24	25-32	33-40	41-48	≥49
蹲撐立（1 分鐘）（次）	<18	18-20	21-23	24-26	27-29	≥30
40 米來回短跑（4 x 10 米）（秒）	>12.9"	12.3"-12.9"	11.7"-12.2"	11.1"-11.6"	10.4"-11.0"	≤10.3"
立定跳遠（2 次試跳）（厘米）	<144.5	144.5-160	160.5-175.5	176-191.5	192-207.5	≥208
800 米跑（分鐘）	>5'08"	4'38-5'08"	4'07"-4'37"	3'36"-4'06"	3'05"-3'35"	≤3'04"

*註：要通過體能測驗，考生須在每個項目中最少取得1分及在總成績最少取得15分。另，考生請穿著運動衫褲及跑步鞋到達體測中心。

「體能測驗」項目動作要求

a. 仰臥起坐

- 仰臥在軟墊上，屈膝及雙臂交疊平放胸前
- 上半身提起直到雙手手肘觸及大腿，然後再仰臥回軟墊上以完成動作

b. 蹲撐立

- 身體立正站在軟墊前，屈膝蹲下，雙掌按在軟墊上及雙臂保持撐直；然後雙腿向後撐成俯臥撐姿勢，並以雙臂支撐身體。收回雙腿還原屈膝蹲下姿勢，然後站立以完成整套動作。

c. 40米來回短跑

- 從起跑線跑向10米外的終點線，拾起放在終點線上的其中一個羽毛球，拿著球跑回起點，並將球放在起跑線上。重覆做以上的動作至跑完為止。

d. 立定跳遠

- 雙腳立定後同一時間離地向前跳，盡量跳到最遠處，落地後保持姿勢。

e. 800米跑

- 站於起跑線後，然後以最快速度跑完800米賽道。

【小貼士】

體能測驗注意事項

假如順利通過體能測驗的話，當天就會進行小組討論。如果大家認為真的能夠成功通過測驗，不妨多帶一套西裝外套、襯衫及西褲去參加體能測驗，雖然入境處沒有作出這樣的要求，但禮貌上在進行小組討論時穿整齊西裝，印象會較好。

體能測驗流程：

1. 考生首先排隊等候講解
2. 考官會講解整個測驗之流程
3. 考生必須要填寫「健康聲明書」
4. 安排考生觀看電視，會播放體能測驗的正確動作及要求
5. 考官給予少量時間自行熱身
6. 考生坐在長椅上睇考官示範體能測驗的正確動作以及要求
7. 考生坐在等候區等叫號碼，然後考體能測驗
8. 先考「仰臥起坐」（考官對於姿勢的正確動作要求非常之嚴）
9. 再考「蹲撐立」（考官對於姿勢的正確動作要求非常之嚴）
10. 然後考「40米來回短跑」（考官對於犯規的考生執得好嚴）
11. 跟住考「立定跳遠」（期間會有2次機會）
12. 最後考「800米跑」（於室內運動場進行）

【第二關】小組討論

體能測驗後，考官隨即會通知合格的考生留低參加小組討論。有需要的考生，可以要求更換衣服。約45分鐘後，考生會被安排進入小組討論的課室。

小組討論模式

小組討論約8至10人一組。教官會先講解整個小組討論的流程。教官可能會請考生閱讀一段文字，或觀看一條短片，然後用約3分鐘討論建立題目。

考官也可能請小組揀選代表3人，去抽出3個字母，再以這些字母轉化為（以此作字頭的）3個字。然後，考官會請小組在極短時間內利用這3個字建構一條題目，並在考官同意後，詳細加以討論。當各人都準備妥當之後，考官就會提供小組討論的正式題目。

期間每名考生都有約3分鐘準備，之後考官會先要求每人用1分鐘説出觀點，過程中其他考生可以作筆記。當每名考生講完第一輪後，馬上就會開始討論，限時15至20分鐘。各人可以隨便表達自己的觀點，加強自己之前的説法，當然亦有人會改變自己當初的方向及觀點。發言之前需要先舉手，由主考官説出考生之號碼，然之後才可發言。在進入「最後階段」，每人會有2分鐘的時間作出總結。

由於考官會視乎小組的人數、討論的環境、節奏和發展去調整發言時間，所以考生必須留心早前提及的討論流程和規則只可作參考用。考生必須跟據考官的指示作即時彈性的應對和處理。

測試目的是評審考生在小組內就議題表達意見的能力。討論會以廣東話進行，如能成功通過小組討論的考生，會在10個工作天內收到電郵通知面試時間。

【第三及第四關】甄選面試及《基本法》知識測試

獲邀參加「甄選面試」的考生會被安排於面試當日接受《基本法》知識筆試。考生在測試時的表現會用作評核其整體表現的一個適當比重。

在「甄選面試」裡，考官會以中文或少量英文作出提問，考生分別要以相應之語言回答問題。

當中的問題內容概括如下幾方面：

1. 請你作自我介紹（以中文提問，通常沒有時限）
2. 請講出你的「強項」及「弱項」（以英文提問）
3. 自身問題
4. 入境處知識問題
5. 處境題
6. 時事問題

【小貼士】

考生不可不知的事項

成功通過小組討論的考生，將於其參加小組討論後約10個工作天內，收到參加「甄選面試」的邀請信。

曾經參加體能測驗及小組討論的考生如未獲邀請參加下一輪的「甄選程序」，應視作已經落選。曾經參加甄選面試的考生將於招聘程序完成之後獲個別通知其申請結果。

甄選面試當天，考官可能會先行核對學歷及G.F.200申請表格所戴的各項資料，請留意帶備所需的證件或文件。

直擊面試實錄（1）

體能測驗：

【9:15am】

身穿短袖運動衫褲及運動鞋，到達入境事務學院，並且被安排在地下室內的「等候區」與其他參加遴選程序的考生一同等待應考。

【9:30am】

考官開始核對各位考生的身份證以及列印之通知信件。

當核對資料完畢後，考生需要填妥一張參與體能測驗之「生死狀」，然之後考官就會給各位考生號碼。考生需要將號碼扣於運動衣上當眼的位置，然後繼續等候考官的安排。

約15分鐘後，考官會安排各位考生做熱身。當大家一齊完成熱身運動後，便會進入運動場館。（註：由等候區至體能測試均於室內的地方進行）

【10:00am】

開始進行測驗，當日共有5個體能測驗項目，次序如下：

a. 仰臥起坐

b. 蹲撐立

c. 4x10來回跑

d. 跳遠

e. 800米跑

考官於每個項目開始前都會示範一次。考生要在每個項目取得最少1分，如果0分的話，便代表是次體能測驗不合格，該考生亦毋須進行下階段測試；5項體能測驗只有跳遠會有2次機會，因第一跳為試跳。

【10:05am】

大家在考區內留心等待考官讀出自己的考生編號。當考官讀出編號後，考生便進入考官所指定之屏風內並且進行第1項體能測驗。

當考生走到屏風前時，便需要把個人的行李放在膠箱內。考生之後會臥在軟墊上，準備進行第1項體能測驗「仰臥起坐」。考官首先會問準備好了沒有，然後說開始。之後，考官便開始打數以及1分鐘計時。考生完成仰臥起坐後，就可以收拾個人物品，然後重返等候區，繼續等候下一個測試項目。

第2至4項體能測驗的情況，大致跟第一項相同。若成功通過4項之後，便會留在等候區內，等候考官帶領大家到上層田徑運動場。

當日的考生人數由第1項之45人，到考第5項時減到只剩下20人。約11時左右，所有人都已完成第5項體能測驗。

【11:00am至12:00nn】

期間有考官派發甄選面試當日進行之《基本法》知識測試的登記表，應該是用作統計人數之用。

小組討論：

【12:00nn】

身穿整齊制服之女考官帶領同組考生到較高樓層進行小組討論。

8名考生（包括自己在內）到達房間坐下後，由男主考官介紹左右兩旁之女考官和考試程序。

有關程序如下：首先考官於投影板顯示出小組討論的題目後，考生會有3分鐘時間作出準備。準備時，考生可以用考官提供之紙筆作重點記錄。考生每人每次發言只有1分鐘時間，當超過1分鐘時，考官就會停止考生繼續發言。考生在發言前必須舉手示意，待考官説出運動衣上之考生編號後方可發言。

當日我參與之小組討論的題目是：「你認為入境事務處的主任級人員應否全數均由員佐級所晉升」。最終我表示不認同，合共發言3次，以及一次總結。

完成討論程序後，主考官表示：「能夠成功進入甄選面試之部份考生，將會於大約10日後收到電郵通知」。然後各考生於房間交還考生編號牌後，便可離開房間。當女考官帶領考生到達地下後，是次體能測驗及小組討論便正式完成，大家隨即可以離開入境事務學院。

甄選面試：

【9:30am】

當日我身穿白色恤衫、黑色西裝、黑色呔、黑色皮鞋及黑色手提公事包，吃過早餐後，便乘搭巴士前往入境事務學院，及於9:30分抵埗。

到達學院門外，考生需要向保安人員出示面試通知文件，然後隨保安員指示到達學院大樓地下，等待進入面試房間。

等待期間，一位身穿便裝、身上掛有證件的職員會要求將事前填妥之「品格審查表格」以及「學歷證明」交出來。而在交妥上述文件之後，職員便安排我到考室旁邊的座位等候。由3位主考官一同主持面試。

大約等了20分鐘左右，有位身穿制服之男考官從其中一間房間步出，然後走到我身旁，著我10秒後進入面試室。

我於是聽從這位男考官的指示，10秒後走到房間門外，因為我記起「毅進文憑（入境事務）」的導師在課堂上教我，禮貌十分重要。

於是我敲了兩下門，當聽到女考官表示「come　in」後才推門進入。我接著慢慢地輕輕關門，整個關門過程並無發出任何聲音。

之後見到房間中間位置有一張凳子，我便走到凳子旁邊以及向三位考官說：「早晨阿Sir！早晨Madam」。

當時，坐在中間的女主考官便向我介紹其兩旁的男、女考官姓氏以及講解整個面試過程，例如考官如果是以中文提問，便以中文回答，考官如果是用英文提問，你便用英文回答等等。

我的問題以重點形式詳細排列如下：

1. 請你作自我介紹（以中文提問，並無限定時間）

2. 請講出你的強項及弱項（以英文提問）

3. 處境題：一天，你跟隨Team B的隊長外出執行任務，對方叫你只需用2個工序來完成某項指定的任務，但Team A的隊長（你的前上司），則叫你用齊3個工序完成，你會如何做？

4. 處境題：如果有一天你與其他同事到街上的其中一間茶餐廳進行「反黑工行動」，你會注意甚麼？

一共4條問題，考官在發問每條題目時，都會不停追問。整個面試過程合共用了約30分鐘。當離開房間後，我需於門外等候其他考生，然後一同到另一房間進行《基本法》知識測試。

《基本法》知識測試作答的時間共25分鐘，另外兩位考生都用上大約15分鐘便完成試卷，而我則只用了5分鐘便完成作答。

當完成《基本法》知識測試後，便可以離開考試室到外面等候。身上掛有證件的便裝職員會將考生交出之「品格審查表格」核對，並講解有何資料需要更正及修改。之後便裝職員再告知當你收到入境處通知時，便要將已完成修改之表格交回學院。

跟著就可以離開學院，完成了是次面試。這句話意味著若有機會回來交表格，即代表有機會「入班」……我離開的時候，大概下午1時。

直擊面試實錄（2）

當日我被安排在早上7時30分做體能測驗。由於早到了半小時，我只好在學院外等侯。期間與幾位考生談起來，發現他們做了充足的準備應付當天的測驗，令我有點擔心。到了8時，一眾考生可以步進入境事務學院集合，期間考官核對我們的姓名及叫我們填表，之後開始體能測驗。

第一項體能測驗：仰臥起坐

動作要求：仰臥在軟墊上，屈膝及雙臂交疊平放胸前；上半身提起直到雙手手肘觸及大腿，然後再仰臥回軟墊上以完成動作。

測試時，考官會幫考生計算完成次數，但考生不會獲告知尚有多少剩餘時間。

【心得】不要心急，不應一開始就不停地做，這樣只會後勁不繼。考生應該保持平均的節奏及速度，平時在家中應多練習及作模擬測試。當完成「仰臥起坐」這項測試後，已淘汰了5名考生。期間曾經問過幾個當天認識的考生，原來他們大部分都只是能夠取得1、2或3分。

第二項體能測驗：蹲撐立

休息約5分鐘，考生就要再繼續做下一項測試：蹲撐立。據以往經驗，這個項目是最多考生落敗的環節。因為考官對此項動作及姿勢，要求十分嚴謹。

動作要求：屈膝蹲下，雙掌按在軟墊上及雙臂保持撐直；然後雙腿向後撐成「俯臥撐」姿勢，並以雙臂支撐身體。收回雙腿還原屈膝蹲下姿勢，然後站立以完成整套動作。因此許多考生會因為屈曲和撐直這兩個動作做得不夠正確，從而另到考官並不會計算該動作的成績。

【心得】開始時應慢慢做，待適應了整套動作後，才逐漸加快速度。由於動作較複雜，因此考生應該要做到最少18下，從而取得1分。

當完成「仰臥起坐」及「蹲撐立」後，其實已非常疲累。「蹲撐立」這一項測試，又再一次有多名考生被淘汰。

第三項體能測驗：40米來回短跑

動作要求：從起跑線跑向對面終點線，拾起放在終點線上的其中一個羽毛球，拿羽毛球跑回起點，並將羽毛球放在起跑線上。重覆由起跑線跑向終點線，拾起餘下的羽毛球，帶着羽毛球跑回起點。

【心得】當考生跑到對面線，拿起羽毛球時，重心要向下，雙腳不要分得太開。在拿羽毛球時，可用前腳為重心，再後腳用力，盡力衝線。

第四項體能測驗：立定跳遠

動作要求：雙腳立定後同一時間離地向前跳，盡量跳到最遠處，落地後保持姿勢。

考生首先雙腳平站在起點線，然後盡力向前跳，期間不可以助跑，「立定跳遠」的距離計算方法，是由開始界線起計，直至考生落地後腳踭位置。如果考生的身體其他的任何部份也同時接觸地面，考官就會以最近開始線的距離計算成績。

測試會給予每位考生兩次機會。如在第1次試跳已經取得滿分成績（即208厘米）或以上，考生則不用再跳第2次。

【心得】雙腳屈曲及稍微「八字型」分開站立，雙腳分開大約與肩部相同寬闊，然後雙臂搖擺達。跳的時候，盡量令重心向前，這樣會較易跳得遠。

第五項體能測驗：800米

動作要求：站於起跑線後，叫開始時即以最快速度跑完800米賽道。考生在這項測驗前沒有機會試跑。

【心得】由於這是一項中距離賽跑，開始時不要搶先，過程中跑速應盡量保持均速，到最後兩個圈才「發力」，逐漸加速。

總括而言，由於體能測驗有好多人參與，競爭十分大，因此考官對於每個動作都捉得好嚴格。眼見不少考生的動作極不正確而被淘汰。

當完成這5項測驗後，我取得合格分數，成功過關。休息約1小時，就開始進行小組討論。

主考官安排小組合共8名考生。當「小組討論」的資訊給予各位組員後，會給予3分鐘時間思考題目以及做準備。準備時間過後全組考生會根據以下規則及以下階段作出討論：

第一階段：每人1分鐘自由發言時間（首輪發言），假如考生的發言超時，會被主考官會示意停止發言

第二階段：各人一起討論

第三階段：總結

當日我組之「小組討論」的題目是：「應否立法禁止露宿者」。

甄選面試及《基本法》測試

我大約10時左右已到達屯門青山灣的「入境事務學院」正門。到埗後首先由入境事務的職員核對我對學歷，完成後職員便安排我坐下，等候叫名入房面試。當日的問題如下：

自我介紹：

首先是無限時的自我介紹

自身題：

之後開始的問題是圍繞自身的問題，例如問我：

1. 每個進來考的人，都說自己是最好的，有甚麼實際的例子可以支持你是最好的？
2. 過去及現在的工作情況？
3. 有沒有投考過其他紀律部隊？

入境事務題：

1. 入境事務處的職責？

2. 入境事務處的理想、使命及信念？

3. 入境事務處有哪些服務承諾？

4. 入境事務助理員的日常工作？

時事題：

問我最近看過有關入境事務處的新聞。

我表示有看過關於「假難民問題」的新聞。之後就問此新聞的內容，然後再追問有甚麼方法解決「假難民問題」。我就講出我的見解，包括要修改法例。由於我在面試之前一直有留意這類有關「假難民問題」的新聞，所以主考官有點頭，感覺他好滿意我的答案。副主考官就追問我，政府現在才加強力度處理，是否會讓人感覺太遲？

最後另外的一位副主考官再問多我一條問題，如果簡體字需要列入必修課，你有甚麼意見？

英文題：

你放假時，會做甚麼？

處境題：

如果你駐守甲部門，在日常工作中，需要跟足程序1、2、3、4、5五個步驟。但現在你調去乙部門，做一樣的工作，但乙部門只做程序1、2、3。遇到這種情況時，你會怎麼處理？

然後整個甄選面試就完成，過程約20分鐘。

【小貼士】

「小組討論」發言規則

考生：首先舉手

考官：叫你的考生號碼牌，你才可以發言

「最後階段」，每人會有1分鐘的時間做總結。

Chapter 04
入境事務主任

入境事務主任招聘概況

有志投考入境事務主任者，需要通過4關才能獲聘，當中包括：體能測驗、初步面試、筆試和最後面試。

獲得取錄的入境事務主任，須於入境事務學院接受25周的留宿訓練。

此外，課程亦包括入境事務主任的入職訓練課程，涵蓋法律、出入境政策及程序，以及入境處的職能和組織架構等；步操、戰術訓練、體能訓練、游泳及急救等訓練；亦更會透過管理工作坊、督導練習及領袖訓練營等不同類型的訓練項目，以加強學員的管理技巧和領導才能。

隨著多個新出入境口岸陸續投入服務，入境事務處的前線工作將與日俱增。有志投考入境事務主任的人士，需具備良好應對技巧，同時表現紀律性及獨立思考，並且需要瞭解入境事務處的實務工作。申請者在投考前應瀏覽入境事務處網址（http://www.immd.gov.hk），並且進一步查閱投考入境事務主任的入職要求和其他不時更新的詳細資料。

入境事務主任遴選流程

【第一關】體能測驗（Physical Fitness Test）

【第二關】初步面試（Preliminary Interview）

【第三關】筆試（Written Examination）

【第四關】最後面試（Final Interview）

【第一關】體能測驗

體能測驗約需2小時才能完成。考生在前往入境事務學院參加體能測驗那天，必須緊記攜帶以下物件：

1. 身份證以及邀請出席體能測驗之信件或下載電郵
2. 證件相片一張
3. 外套
4. 一支水

到達入境事務學院後，考官會安排所有的考生簽署關於參加體能測驗的「生死狀」，然後會等候其他考生到齊。

在等候期間，考官會播放測驗的示範短片給考生觀看。然後考官會簡介紹整個測驗的流程和步驟，隨後去更衣室更衣。

每位考生均會按照下列規劃的次序 ，由第1項至第5項，進行：

a. 仰臥起坐（1分鐘）

b. 蹲撐立（1分鐘）

c. 40米來回短跑（4 x 10米）

d. 立定跳遠（2次試跳）

e. 800米跑

每個體能測驗項目，均會由考官詳細講解。而且第1項至第4項的體能測驗，考官會即場示範正確的動作姿勢以及犯規的動作。

過程如下：

首先考官會講解及示範第1、2項的動作，之後考生就進行該兩項測試。

完成後，考官又再講解及示範第3項及第4項的動作，同樣待各個考生均表示明白及沒有問題，各個考生就進行第3項及第4項的測試。最後，考官會講解第5個項目。這次考官沒有800米跑示範。考生接著就進行800米跑。

第1項：仰臥起坐

首先將雙腳的腳背扣在橫木架上，將膝蓋屈曲至大約90度角，然後雙手交叉環抱平放在胸前，再將手掌緊貼在鎖骨上，而手肘必須緊貼在腰旁；在「仰臥起坐」測試期間，是必須要保持緊貼的姿勢，不可以分開。

然後「捲腹」，利用腹部的力量將上半身提起，直到手肘觸及大腿，再仰臥回軟墊完成動作；仰臥回軟墊時，整個背部包括肩胛骨位置必須緊貼軟墊。

仰臥起坐測試的正確姿勢需然簡單，但仍有一部份的考生容易將姿勢做錯。

第2項：蹲撐立

首先身體立正挺直站在軟墊前，屈膝蹲下，將雙掌按在軟墊上及雙臂保持撐直。蹲下時，大腿和小腿必須緊貼，然後將雙腿向後撐而形成「俯臥撐」姿勢，面向地面，並且繼續以雙臂支撐整個身體保持挺直，「臀部」不可以挺高。之後收縮雙腳，還原屈膝蹲下姿勢然後站起，挺直身軀完成整套動作。

第3項：40米來回短跑

從起跑線跑向對面終點線，期間腳是不須超越白線，拾起放在終點線上的其中一個羽毛球，然後拿着羽毛球跑回起點，並將羽毛球放在起跑線上，考生是不可以將羽毛球凌空拋擲到地上，必須要直接放下，而羽毛球放在地上時，可直放或橫放。重覆由起跑線跑向終點線，拾起餘下的羽毛球，帶羽毛球再跑回起點。

第4項：立定跳遠

有2次機會給考生跳，如考生首跳已達到最高的「5分」，便不用跳第2次。

第5項：800米跑

- 考生會在小運動場內跑8個圈
- 考生會被安排4人為一組
- 每位考生均被安排穿著不同顏色的背心作為識別之用
- 考生會被安排分先後起跑
- 每2名考生的連續起跑時間，大約相距5秒鐘
- 每位考生各有1名監考員負責計時
- 考生在跑完每圈後，監考員會告訴你所完成的圈數

800米跑注意事項

* 800米跑屬中距離跑，要獲取好成績不是短時間內可以達至，必須循序漸進。
* 當中亦要求協調及有良好的節奏，講究動作效果，又注重節省體力；因此，考生日常的鍛鍊是十分重要。
* 跑的時候，總有人突然加速向前，突圍而出，考生切記不要胡亂跟隨。
* 建議保持均速，直至最後一圈才衝刺，盡量不要帶頭跑。

【第二關】初步面試

初步面試會包括「小組討論」和「即席演講」兩個環節。在考核的整個過程中，是會間歇使用英語進行。

小組討論

現時入境處在招聘入境事務主任及入境事務助理員的遴選面試裡，均採用了小組討論作為其中的一項遴選程序；從而篩選眾多未達水平之投考者，以揀選出最適合入境事務工作的人選。

小組討論測試環節，可助入境事務處招聘組的考官，能夠客觀以及全面地觀察考生各方面的技能和質素。當中包括：組識能力、領導才能、語言能力、表達能力、溝通技巧、應變能力、合作能力、社交應對、虛心聆聽、坦誠表達、處理壓力、自信心和時事常識程度等。

考核形式及規則

考官會安排每組大約有15名考生構成一組參與小組討論，每組均會有男、女考生參加。考官會就著本港時事新聞又或者社會議題去制定一條具爭議性的題目給考生進行討論。主考官會先用投影機展示題目讓考生觀看，之後考官會給予考生們3分鐘時間去思考該題目以及做準備工夫。考生通常會對小組討論的題目具備一定的背景知識。

考核過程中，招聘組會提供兩張白紙、鉛筆以及寫字板給予考生；此外，考生在整個討論期間，均可隨意書寫任何筆記以及重點摘要。

在3分鐘的準備時間過後，全組考生會根據以下之規則以及三個階段作出小組討論:

第一階段：發表個人意見

首輪的發言是給予每位考生1分鐘時間隨意自由發言，從而讓考生盡量發表自己的正、反意見以及論點，作為互相討論階段前的熱身。若然考生發言超過1分鐘，主考官會示意考生停止發言。

第二階段：互相討論

然後進入大家一起互相討論的階段；而這個階段大約有15分鐘左右，考生首先需要舉手示意，等待主考官叫出了該考生之號碼牌，考生才可以作出發言；考生在這個階段必須主動舉手，從而得以提出自己的意見。早舉早說，遲舉遲說。

第三階段：總結

最後是考生總結自己的意見。在這個階段裡，考官同樣會給予每位考生1分鐘時間作出總結。在討論的過程中，考生可以隨意發表意見，而討論至「總結」的階段，考生亦無需就議題達成一致的結論。

整個小組討論程序由開始到結束，大約需時約45-50分鐘左右，之後將會有大約 15分鐘休息時間。

在討論期間，考官會從旁觀察每位考生，並就考生在小組討論過程中的表現，評核他們的溝通、表達、分析、理解及處理壓力等能力，還可以看到考生們是否有信心地去解釋自己的論點，以及在可能遇到不同意見或者反對意見時，是否依然能堅持己見。

而考官主要是希望從小組討論這項測試之中，觀察到投考者的各種才能，而不是想看見考生們互相拼過你死我活，所以在小組討論測試中，考生緊記不可以抱住「不是你死、就是我亡」的心態。

至於有考生過份表現自己、壟斷發言，並且不願意接受其他考生的見解時，那就正正展現出他將會難於與人相處以及合作了。

所以，在小組討論的考核過程中，考生應該要懂得如何適當地表達自己看法，而又能夠與其他組員達至溝通。能夠體現出入境處以禮待人、重視團隊精神的信念，是十分重要的。因此考生必須注意保持開放的態度，同時要表現出處事的彈性，並且在情況有需要時改變立場。

還有在小組討論的過程裡，考生切忌妄自菲薄或大言不慚。在討論時既不應具攻擊性，亦不該過分保守。注意表達自己的想法和意見之餘，同時亦需要擔當一位好的聆聽者，懂得聆聽對方，聽取他人的觀點。考生不要錯誤地認為講得多、講得快、講得大聲就會取得在小組討論中之勝利！

最後，假如考生不必要地攻擊他人，甚至可能影響他與其他組員之間所建立的和睦關係，就肯定會得不償失了。

在參與小組討論的過程中，考生必須要懂得掌握以下的原則以及要點：

不應該：

1. 只面對考官作出發言，而是在進行發言時，應望向其他組員

2. 過份沉默，表現被動

3. 壟斷發言，應該要讓其他考生均有發言之機會

4. 無理地打斷其他考生的説話

5. 無理地反對其他考生論點、意見或提問

6. 無理地攻擊/ 挑撥其他考生的說話、論點、意見或提問
7. 展現性格急躁、具有負面情緒的一面
8. 言過其實或提供虛假資料，企圖瞞騙考官
9. 出現考生們互相「單對單」的提問，討論問題時應要公開詢問每一位考生有沒有意見
10. 為贏其他考生而爭拗，並且對任何考生展現出針鋒相對的態度

應該：

1. 時刻保持彬彬有禮、尊重他人；應時刻都表現出熱誠、主動及積極性
2. 盡量爭取最初發言的機會，這樣就不會讓考官認為你只是重覆別人的論點
3. 在其他考生發言之時，適量地點頭、並且用眼神回應對方以示尊重
4. 留心傾聽其他考生的發言，隨時準備回應以及作出回答
5. 記錄組員的答案及摘錄重點，於有需要時引用該組員的答案作支持的論點
6. 在陳述個人意見時，需輔以實例、數據、專家或學者見解等資料
7. 與組員有良好溝通，交換意見、保持客觀、共同解決問題、最後才作決定
8. 緊記講得多並不等於取得高分
9. 留意發言時的語氣和聲調，不要以為大聲便能取得說話控制權

立場要堅定

考生在小組討論時，緊記並非以辯論隊方式或方法進行。

因為使用辯論方式即是永遠不會有中立而客觀的立場。辯論只會偏向正方（支持）或反方（唔支持）的論點。故此，考生應要理解「辯論」同「討論」的分別。緊記：現在是討論而不是「辯論」。

小組討論過關原因

- 表現出正面及積極向上之思維
- 表達瞭解小組成員説話的意思或含意
- 偶然點點頭又或者與小組成員作眼神交流
- 讓發言者感到論點其他人已表示明白及理解
- 能夠提出具體事例及證明
- 與小組成員建立良好互信關係
- 懂得讚賞小組成員
- 能夠適當地澄清小組成員説話含意

小組討論失敗原因

- 沉默寡言放棄發言機會
- 壟斷發言權
- 打斷別人説話
- 用辭低俗無聊
- 粗聲粗氣及無禮貌
- 説話時中、英夾雜或用口頭禪
- 使用術語
- 憤世嫉俗

成功過關的考生分享：

在互相討論的階段，説話不用多，開聲1至2次就已經足夠，最緊要有論點。事關有好多人即使多發言，也無實質論點，但又喜歡搶佔著發言機會。有些人口齒不佳，但很有禮貌，又會尊重大家，亦可以因而成功突圍。

小弟是第三位發言的考生，成功和上一位交接以及加插一部份個人見解，最後總共發言兩次。在討論的過程中，有考生完全沒有機會發言，因為其他人完全不留情面。當中有好多高手，而且運用英語的能力非常強，思路清晰，口齒伶俐。不過，過程中最重要還是要有禮貌，這些就是我所體會到的。

即席演講

「即席演講」是指沒有事先準備的發言。

這項測試的重點，可以即時知悉考生在沒有事先準備的情況下，個人的口語表達能力，同時亦可看到考生是否能夠有條理地表達自己的意見以達至有效的溝通，以及考生在他人面前發言時，是否具備自信心。

另一方面，考生在其他人的聚焦下能否保持鎮定、克服壓力及面對挑戰。此外，考生的思考是否敏捷，以及即時反應能力亦會在這次測試中表露無遺。

過程如下：

- 考官會首先安排由某位自願的考生負責抽出第一位考生的號碼，又或者考官會負責抽出第一位考生的號碼
- 考官會要求抽中此項測試的第1位考生上前，在個盒內抽出2張咭，每張咭上均寫有1個英文生字
- 考官會給考生用5秒時間選擇用哪張咭上的英文生字作「即席演講」
- 考生需站在指定位置，考官亦會再給予考生約20秒準備
- 最後考生就要根據該英文生字，即席對著10多人作出3分鐘的英文演講
- 當演講時間過了2分30秒，考官會「叮」一下作提示。此時考生仍需要繼續演講；演講時間不足會被扣分
- 當到了3分鐘，考官會再「叮」一下，這時考生便要隨即停止
- 完成「即席演講」的考生，要負責抽出下一位考生的號碼
- 整個「即席演講」程序由開始到結束，大約需時45至50分鐘左右

【小貼士】

即席演講心得

在「即席演講」中考生不想被扣分，請注意以下要點：

- 演講時間如不足3分鐘會被扣分
- 儘管演講超時而被中止發言，也不要剩下太多時間，因而導致dead air。
- 考核的過程中，考生不會看到任何計時器，考官只會提醒剩下多少的時間。
- 任何的一個英文單字都有可能是考核的題目
- 迅速確認有關的演講題目，然後用約20秒時間開展「構思」演講的內容
- 嘗試多利用「講故事」的形式，演繹與題目相關的實例與故事
- 日常應反覆練習，説話務求口齒伶俐，語調合適，語速不要太快或太慢

【第三關】筆試

入境事務主任的筆試分試卷一（Paper I）及試卷二（Paper II）兩部份。

試卷一：語文運用及能力傾向試

投考「入境事務主任」的試卷一的題型，與公務員事務局「綜合招聘考試」（CRE）類近，當中兩者均設有英文運用、中文運用及能力傾向測試（簡稱能傾試）。

入境事務主任的能傾試，主要用來測試考生的分析能力及邏輯思維：

「能力傾向測試」只屬於入境事務主任甄選程序的其中一個環節；考生的成敗並非只單靠此次能傾試，因此建議以輕鬆的心態來應付。

能傾試的其中一個設計特色，就是要使大部份考生沒有充足時間完成，因此建議別花太多時間思考每條題目；若然在測試過程最後階段發現時間不足，基於是選擇題形式作答，考生應要嘗試去「撞」答案。

- 「能力傾向測試」的題目會分多個部份，如考生強項是Data Sufficiency，在測試時應先集中完成該部分題目，然後再處理其他部分的題目

- 如你希望成功闖過這一關，可以在應考前參考公務員事務局，有關於「綜合招聘考試及基本法測試（學位/專業程度職系）」之網頁

- 考生亦可找尋有關於「綜合招聘考試及基本法測試」之模擬試題書籍作為參考以及進行自行測試，了解個人的能力和熟習測試之模式

入境事務主任筆試試卷內容如下：

Immigration Officer Recruitment Written Examination
入境事務主任招聘考試 (筆試部份)

Format and Sample Questions
考試形式和參考題目

Format 考試形式

The examination consists of two papers, Paper I and Paper II.
考試包括兩張試卷：試卷一和試卷二。

The format and content of the two papers are as follows:
兩張試卷的考試形式和內容如下：

Paper 試卷	Content 內容	Duration 考試時間	No. of Questions 試題數量
Paper I 試卷一 Language & Aptitude Test (Multiple-choice questions) 語文運用及能力傾向測試 (選擇題形式)	This paper consists of the following question types: 此試卷包括以下題式: Language Test 語文運用* (A) Comprehension (B) Cloze (C) Error Identification (D) 閱讀理解 (E) 字詞運用 (F) 字詞辨析 (G) 句子辨析 Aptitude Test能力傾向測試* (H) Verbal Reasoning (English) (I) Data Sufficiency (J) Interpretation of Tables and Graphs *Question types (A) to (C) and (H) to (J) are in English, while Question Types (D) to (G) are in Chinese. 題式(A)至(C)和(H)至(J)是以英文提問，而題式(D)至(G)則以中文提問。	1 hour 30 minutes 1 小時 30 分鐘	) 29 (A)–(C)) 26 (D)–(G)) 30 (H)–(J) (Total 合共: 85)

參考一：

Paper II 試卷二 Essay 作文	Candidates are required to write an English essay on a given topic in not less than 500 words, and a Chinese essay on a given topic in not less than 600 words. (No sample questions provided.) 考生須根據題目指示，以英文寫作一篇不少於五百字的文章，及以中文寫作一篇不少於六百字的文章。 (沒有參考試題提供。)	2 hours 2 小時	(Total 合共: 2)

Sample Questions for Paper I- Language and Aptitude Test
試卷一　語文運用及能力傾向測試參考題目

(A) Comprehension

This section aims to test candidates' ability to comprehend a written text. One prose passage of non-technical background is cited. Candidates are required to exercise skills in deciding on the gist, identifying main points, drawing inferences, distinguishing facts from opinion, interpreting figurative language, etc.

(No sample questions for this section.)

(B) Cloze
Your task is to fill in the blanks of a passage from the options given.

Example:
Rarely had the Hong Kong Arts Centre galleries been so __(1)__ – but then, the "art" was displayed on some rather attractive __(2)__. The event was the opening of a retrospective of the work of a fashion designer, Raymond Lam.

(1) A. packed　　B. empty　　C. unusual　　D. clear
(2) A. hangers　　B. packets　　C. frames　　D. sculptures

Answers: (1) A
(2) C

(C) Error Identification
Your task is to decide whether the question contains a language error and to identify which part of the question (as underlined) contains the error.

Example:
Hong Kong boasts of a rich <u>diversity of</u> natural assets <u>that one</u> would not <u>normally expects to</u> find in <u>such a busy</u> and congested city.

參考二：

A. diversity of
B. that one
C. normally expects to
D. such a busy
E. No error

Answer: C

(D) 閱讀理解

閱讀理解主要是測試考生理解現代書面語的能力，文章的題材與日常生活或工作有關。問題可包括提綱挈領、辨別事實與意見、詮釋資料等。

(沒有參考試題提供。)

(E) 字詞運用

這部分旨在測試考生的詞語、成語及句子運用的能力。

【例】選出下列最適當的答案:

他辛苦經營的公司倒閉了，精神亦從此 ______ 。

A. 不堪一擊
B. 一蹶不振
C. 一敗塗地
D. 一落千丈

答案: B

(F) 字詞辨析

這部分旨在測試考生對漢字的認識。

【例】選出下列沒有錯別字的一項:

A. 聞雞喜舞
B. 聞雞喜武
C. 聞雞起舞
D. 聞雞起武

答案: C

參考三：

(G) 句子辨析

道部分旨在考核考生對中文語法的認識，辨析句子結構、邏輯、用詞等能力。

【例】選出沒有語病的句子。

A. 警方將舉行一項名爲「齊來滅罪嘉年華」的活動。
B. 警方將推行一項名爲「齊來滅罪嘉年華會」的活動。
C. 警方將舉行一項名爲有關「齊來滅罪嘉年華」的活動。
D. 警方將推行「齊來滅罪嘉年華」，以鼓勵市民積極舉報罪行。

答案: A

(H) **Verbal Reasoning (English)**

In this part, each passage is followed by four statements (the questions). You have to assume what is stated in the passage is true and decide whether the statements are either:

A True – The statement is already made or implied in the passage, or follows logically from the passage.
B False – The statement contradicts what is said, implied by, or follows logically from the passage.
C Can't tell – There is insufficient information in the passage to establish whether the statement is true or false.

The effect of television on youngsters is well documented. There is a correlation between watching violence on TV and children's behaviour and attitudes. The more violence children watch on TV, the more accepting of violence they become. What's more, children who see violence frequently are more likely to resort to it themselves. This is particularly true if they see violent actions being rewarded.

Q1. Violent adults have violent children. (Answer: C)
Q2. TV watching can make children accept violence. (Answer: C)
Q3. Children who never watch TV are not violent. (Answer: C)
Q4. There is no link between television and violence. (Answer: B)

(I) **Data Sufficiency**

Each of the following questions has two statements which are labeled (1) and (2). Your task is to decide whether the statement(s) is/are sufficient to answer the questions, assuming all the data given are true. On you answer sheet, you should mark:

參考四：

A Statement (1) ALONE is sufficient, but statement (2) alone is not sufficient to answer the question asked.

B Statement (2) ALONE is sufficient, but statement (1) alone is not sufficient to answer the questions asked.

C BOTH statements (1) and (2) TOGETHER are sufficient to answer the question asked, but NEITHER statement alone is sufficient to answer the question asked.

D EACH statement ALONE is sufficient to answer the question asked.

E Statements (1) and (2) TOGETHER are NOT sufficient to answer the question asked, and additional data specific to the problem are needed.

Q1. A rectangle is 40 cm long. What is the area of the rectangle?

(1) The perimeter is 140 cm.

(2) The rectangle is more than 20 cm wide.

Answer : A (You can derive the width of the rectangle from its perimeter. Hence, the information in (1) is sufficient to answer the question whereas the information in (2) by itself cannot help find out the width.)

(J) Interpretation of Tables and Graphs

This is a test on reading and interpretation of data on tables and graphs.

Example:

EXAMINATION RESULTS 2004

School	Students Passed	Students Failed	Students Absent
A	20	5	1
B	30	2	0
C	10	4	2

How many students attended the 2004 Examination in school B?

A. 14
B. 25
C. 30
D. 32
E. 34

Answer: D (The answer can be obtained by adding up the two figures relevant to School B. Hence, (30) + (2) gives 32.)

試卷二：作文

入境事務主任「筆試試卷二」作文，這項測試能徹底看到考生真正的語文表達能力、書寫能力，並且是否能夠應付入境事務主任在日常工作上所需。

基於測試的目的是為了找出適當的人選，作文的題目可以是一些日常工作上的情境或假設性的問題，要求考生就解决辦法提出建議，也可能是對某些與政府工作相關的議題，要求提出見解。

以下是一些需要注意的地方：

- 作文題目均有適當的背景簡介
- 有機會考演講辭、新聞稿、建議書、評論或公函等
- 有機會考核格式，如：稱謂、標題、引言、正文、開首應酬語、結尾應酬語、祝頌語、啟告語等

中文作文題目範例：

替勞工及福利局局長準備一篇演講辭：「有關慈善基金步行籌款的揭幕禮」

題目背景：

- 勞工及福利局局長將會出席「人生慈善基金步行籌款」的揭幕禮，當日需要向各界致辭；
- 「人生慈善基金」主要是宣揚關愛的重要信息，曾舉辦多個籌款活動；
- 今次步行籌款活動的善款，將撥捐世界、內地和本地的相關機構；
- 當中的善款分別用作關愛長者、關顧兒童，贈予地震災區，以及用在內地興建小學等。

公函常用詞彙：

敬啟者	大鑒	台鑒	雅鑒	道鑒	鈞鑒	大函	尊函
敬悉	收悉	承蒙	荷承	荷蒙	蒙	敬祈	尚祈
敬希	敬候	無任	不勝	謹	專此	耑此	此致
恭頌	敬頌	恭請	敬候	即頌	即候	順頌	順候
尊安	福安	道安	教安	台安	大安	籌安	財安
鈞安	台祺	道祺	文祺	勛祺	鈞祺	查收	

英文作文題目範例：

【範例一】致函到環境保護署：「改善本地空氣污染的問題」

範例：

港鐵公司公關部經理陳大文先生：

我在四月十六日與家中老父在美孚港鐵站登上一輛擠迫的港鐵後，赫然發現老父意外走失。我即時報案；承蒙港鐵站的工作人員積極跟進，提供協助，迅速尋回。老父免於在街上長時間受寒及或誘發嚴重傷病。

港鐵人員專業高效，至深銘感，特此致函表感激之意。

敬祝

教安

張三敬上

二〇一九年四月十七日

通訊地址：九龍美孚新邨第 1 期百老滙街 23 號 X 樓 X 座

題目背景：

- 說明改善空氣污染的重要性和緊迫性
- 空氣污染嚴重影響到市民之生活環境
- 建議政府應採取積極態度，應對空氣污染的問題
- 建議加強控制空氣污染的措施及政策
- 建議如何改善路邊空氣污染

【範例二】替民政事務局局長預備一篇演講辭：「就香港政府協助本港少數族裔的支援政策和措施」

題目背景：

- 法例：消除種族歧視
- 宣傳：推廣種族和諧
- 支援：提供多種服務及作出適切援助的小組
- 教育：津貼為少數族裔學童提供適切的校本支援服務
- 課程：設立非華語的學校課程
- 輔導：聆心輔導
- 工作：在職培訓
- 政府：投考政府職位時，享有平等機會

【第四關】最後面試

投考入境事務主任的「最後面試」，同樣會進行以英文為主的個別面試（Individual Interview），面試委員會是由3名入境處的高級官員所組成，俗稱為「三司會審」。

當中由1名首席入境事務主任（PIO）擔任主考官，並且由1名總入境事務主任（CIO）及1名高級入境事務主任（SIO）擔任副主考官。

面試委員會將以進一步提問方式考核考生的能力，包括領導才能、管理技能、溝通技巧、判斷能力、分析能力、推動力、個性及價值觀以及常識。

最後面試會安排在入境事務學院舉行，過程歷時約30分鐘。

最後，終於捱到最後面試的日子，亦是最緊張的一天；因為最後面試是整個遴選過程中最關鍵的一環。

根據過往的經驗，入境事務主任之最後面試，並沒有設定問題的種類，但可以歸類為下列5種題目：

1. 自我介紹
2. 自身問題
3. 入境事務處知識問題
4. 時事問題
5. 處境問題

雖然在最後面試的測試是會以英文為主，但在考核的過程中，考官亦會有可能會用中文向考生發問一至兩條問題，從而瞭解考生的中文語言能力，所以考生應當作出多方面的準備。

在出席最後面試當日，考生需要將GF200表格（一般審查表格）交回，因此建議應該最少要預早30分鐘到達。到達後，會有入境事務處的職員首先查核你的G.F.200表格。

考生必須要看清楚才填報，因G.F.200表格的某些部份，要用英文填寫的，並且要在正在申請的政府職位一欄，填上入境事務主任一職。而當天亦要填寫刑事罪行紀錄審查授權書，當中的護照號碼亦必須要填寫的。在核對GF200表格及處理完上述事宜後，考生就要等候安排做最後面試。

審查

入境事務處招聘組會聯絡成功通過所有遴選程序的考生。考生會再次到入境事務處招聘及訓練研究組處理以下4項事情：

1. 遞交學歷證明文件
2. 做財務審查
3. 簽「有條件聘用書」
4. 安排身體檢驗

審查：僱主評語表格

要通過審查，首先考生需要提供任職的公司/僱主的姓名和聯繫方式予入境事務處。考生亦需同意及授權入境處，向你的公司/僱主查詢有關於你的評語。在大約一至兩天後，你的公司/僱主將會收到入境事務處的傳真。

而僱主評語表格，其實是一張簡單的選擇題形式之表格。僱主可以在3分鐘內填寫完成。評語包括：你的整體工作表現、工作態度、不良記錄、品格等。

最後僱主需要在表格上簽名和蓋上公司蓋章；接著你的公司/僱主只需要把評語表格傳真回入境事務處招聘組就可以了。

遞交學歷證明文件

做審查當天，考生須帶備以下學歷文件的正、副本。因為在簽「有條件聘用書」時，學歷會影響到入職的起薪點：

- 大學頒授的學士學位（Bachelor Degree）

- 認可的副學士學位（Associate Degree）
- 專上學院在註冊後頒發的文憑（Diploma）
- 香港高級程度會考（HKAL）
- 中學文憑考試（HKDSE）
- 香港中學會考（HKCE）
- 綜合招聘考試及基本法測試（CRE）
- General Certificate of Education（Advanced Level）（GCE A Level）成績
- International English Language Testing System（IELTS）成績

財務審查

提交文件需正本及副本，包括：

- 信用咭：過去兩個月的月結單
- 信用咭如有分期付款項目，需要帶備有關購物單據
- 學生資助辦事處申請任何資助或貸款的資料
- 如果本身是公務員，需帶糧單

簽「有條件聘用書」

- 到時會有入境事務處招聘及訓練研究組的人員解釋有關之詳情
- 簽有條件聘用書時，需要留意入職薪酬的起薪點是否正確

身體檢驗

倘若參與入境事務主任以及入境事務助理員的考生能夠成功通過所有遴選及相關程序，將會獲安排進行身體檢驗。檢驗程序是由政府授權的獨立醫療機構進行。

直擊面試（IO）實錄

以下是一位成功進入「最後面試」考生的實況報道：

最後，終於捱到「最後面試」的日子，亦是最緊張的一天。大家應該在前一兩日，盡量放鬆心情，盡量調整自己的休息時間，唔好太過緊張，避免緊張到失眠。（雖然我面試前一晚其實都瞓唔著，於是我決定提早出門口。）

去到「入境事務學院」的時候，就被帶到一個等候區，當時其實好驚，所有事唯有照著職員的指示去做，見一步、行一步。之後，在核對GF200的整個過程都好順利，可能因為我之前不斷地重覆檢查，填報得非常仔細，所以招聘組核對資料的時候十分順利。

對完文件，就等候入房做最後面試。我見仍有時間，就在面試房間外溫書，以及整理自己的儀容，所以早到其實有著數。

在等候期間，見到有個別投考者的衣著很「有個性」，例如西裝外套以及穿著的西褲均只有七分長度。當然大多數人的衣服，幾乎是百分百穿戴整齊，男、女考生都著得都好正式。

到了真的要進去面試房間之時，我敲了數下門，然後才進內。

入到去後，首先發覺面試室很大，3位考官是坐在距離門口至少有10呎外的辦公桌後。於是我點了點頭，然後輕輕地關門，接著向3位考官鞠躬行禮。

之後行到3位考官的辦公桌前，向三位考官説了一聲「Good morning Sir, Good morning Madam」。

當時坐在中間的主考官用英文對我説「請坐」，我於是就坐低；之後再問我準備好未？我好有自信地講：「Yes Sir」，於是就真真正正的開始面試了。

阿Sir首先要我做自我介紹，無計時。

當我講自我介紹時，阿Sir一直望住我對眼，而且一直木無表情，令我的內心不禁有點驚。我只好十分有禮貌地回望住阿Sir以及另外兩位考官。（好彩「自我介紹」我已經準備及練習了好耐，所以講既過程都幾淡定，因此考官聽完亦都流露出滿意表情）

自身題：

跟住就開始問我的工作情況，例如講述自己過去以及現時的工作經驗，再追問當中有那些經驗，可以應用於入境處的服務？過去有甚麼事情，能夠展現出有領袖的才能等等問題。

接著便問了我2題「入境處知識問題」，分別是：

1. 出入境管制站禮貌運動是甚麼？

2. 在身份證上有哪些防偽特徵？

但由於我在入境事務知識題下了不少苦功，因此我在講述「身份證上的防偽特徵」時，中途便給主考官叫停了，主考官微笑向著我說：「夠了，我知你好熟。」

處境問題（1）

1.假如你已成為入境事務主任，現在收到了市民的舉報，在某處有一間酒樓，僱用了非法勞工擔任廚房以及洗碗的工作，你會怎樣處理這宗案件？

我當時就想到了李Sir教的「面試武功」，於是選擇用了一招「絕世武功 - 乾坤大挪移」，將要做的事情，轉移到一個英文字「STAR」之上。我立刻就對主考官講，阿Sir：「我想用一個英文字『STAR』去演繹答案。」

1. Situation（了解情況）

- 現在的情況如何？
- 現時可否聯絡到舉報的市民？
- 案件地點所在的位置在哪裡？
- 有多少名非法勞工牽涉在案？

2. Task（如何執行）

- 需要哪個部門處理？
- 需要動用多少人手、裝備及車輛？
- 需要衡量，是否通知其他的政府部門協助，例如：勞工處，食環署等。

3. Arrest（拘捕）

- 安排同事負責封鎖現場
- 安排同事負責拘捕非法勞工
- 安排同事負責拘捕非法勞工的僱主
- 安排同事負責找尋證據/ 證物
- 安排翻譯員

4. Record（詳細記錄）

- 安排同事詳細記錄
- 安排同事拍照
- 等待法庭審訊

處境問題（2）

2. 假如你已經成為入境事務主任，完成訓練後，現在駐守羅湖管制站。站內有一位在入境事務處工作了25年的總入境事務助理員，經常在工作上用惡劣的態度與你頂撞，你會怎樣處理？

首先，勸諭、警告、和紀律處分的方法，在這階段我係唔會用的！

我認為作為入境事務主任，為人上司，以德服人比「以力服人」更重要。

因此我會嘗試了解原因：

- 是否因為工作出現了問題？

- 是否因為家庭出現了問題？（導致總入境事務助理員的情緒出現波動）

- 是否因為自己的人生經驗、工作經驗、管理問題而導致此事！

基於不論是總入境事務助理員，又或者是我自己本身的問題，上司與下屬間的互動非常重要。所以在面對此問題時，我會覺得「預防勝於治療」，我應該盡快解決此事。

我個人認為良好的溝通好重要，可以能夠幫助彼此了解事情；我會在適當的時候坦誠地與總入境事務助理員傾談，平心靜氣討論事情。因為如果我們之間不能打開隔膜，心中有根刺就很難成為好的工作夥伴。

工餘時候我亦會主動相約總入境事務助理員一起消遣，例如：運動、行山、食晚飯等。希望可以提升彼此的瞭解及互信。

最後，我認為總入境事務助理員是位優秀的入境事務處同事，是一匹擁有豐富工作經驗的千里馬，我希望能夠成為他的伯樂。

問完此條處境問題之後就面試完畢，可以輕鬆地離開學院。

▲ 2016 年 3 月 11 日「浸會大學持續教育學院 毅進文憑（入境事務）」的學生獲安排參觀入境事務學院。活動由課程導師前總入境事務主任李學廉先生（圖前排左六）帶領，學院兩位和藹可親的教官 - 高級入境事務主任甘 Sir 及總入境事務助理員李 Sir（圖前排左五及右四）講解投考的程序，並鼓勵有志的年輕人加入「入境事務處」服務社會，之後參觀大樓內設施及「教學資訊廊」，加深對入境事務處歷史和發展的認識 。

▲其後，學生對學院內的訓練生活和前線工作都十分感興趣，冀望成為當中的一份子，並在「教學資訊廊」拍照留念。

Chapter 05
試前必讀

附錄一：Introduction for an Immigration Officer

Characteristics of an Immigration Officer

No one knows what exactly the interview board members will ask you when you have been offered with an interview appointment. This is very true, or otherwise someone may have committed an offence under the jurisdiction of the Independent Commission Against Corruption.

However, it is also very true that the Interview Board is duty bound to ascertain that the interviewee do have the qualities and potential for training up to be an Immigration Officer , before making any enrolment recommendation. Therefore, it is essential for the applicants to have a correct concept on the characteristics of an Immigration Officer.

Determination

In the present day world, applicants must have a thorough understanding towards the job / post having applied for. This book has provided the general picture of the Immigration Department. For more updates, it is always advisable for the applicant to take a look on the Immigration website before attending the interview.

The more you know about the Department, the stronger determination you may demonstrate to the Board for joining the Immigration Service.

Exposures

As an officer of the Disciplined Services, applicants are expected to have a good common sense, and have a well balanced view against the controversial issues. While paying attention to daily news is important, special attention should, of course, be paid to the news concerning immigration, including those happened in the other corners of the world.

Along the same line of thinking, applicants are also expected to have some preliminary understanding of the other Disciplined Forces, well as the Essential Services, all put under the Command of the Security Bureau. At times, applicants will be asked why he prefers to join the Immigration Service, rather than the other Disciplined / Auxiliary Forces / Services.

Visionary

To differentiate an Immigration Officer with an Immigration Assistant, the applicant must prove that he has some personal vision on the future development of the Immigration Department. Applicants with any particular skills/ qualifications that will contribute to the advancement of the Department, do let the interviewers know.

Scientific Development

For example, as mentioned before, the job nature of the Immigration Department is labour intensive. Therefore, the Management always have to strive the utmost effort for developing new technologies to tackle the problem. The E-channel facility previously designed for the local residents to pass through control points by self service, has nowadays been extended to serve quite a large number of visitors, including Macau permanent identity card holders, Asia-Pacific Economic Cooperation Business Travel Card holders, and problem-free frequent travelers both from the overseas and the Mainland. Applicants should have an open mind on how to improve further on saving of manpower resources on one hand, and upgrading the quality of control on the other.

Likewise, applicants may also take a focus on occupational safety. Any new means to improve the health of staff at work, or to avoid occupational hazard, will be under serious consideration by the Management. High sick leave rate of staff is always a headache challenge to all government departments.

Important Issues

The Chief Executive has announced his policy address on 13.1.2016 that " the Government will conduct a comprehensive review of the strategy of handling non-refoulement claims, including a review of the Immigration Ordinance. We will expedite screening of claims to address various acute problems such as illegal immigration and overstaying."

The Financial Secretary has announced his budget on 24.2.2016 that two Directorate Grade posts will be created in the Immigration Department, one to handle the non-refoulement claims and one to launch the territorial-wide new identity card re-issue exercise in 2018, assisted by a top up of 183 additional posts for the new tasks.

From these important government papers, the applicants must at least know what is the present situation on the two issues, and why the Government has to grant resources to the Immigration Service, with a view to getting the tasks done.

Non-refoulement Claim

Starting from 3.3.2014, the Government has adopted the unified screening mechanism to determine claims for non-refoulement protection against expulsion, return, or extradition from Hong Kong to another country on applicable grounds including risks of:

(i) torture under Part VIIC of the Immigration Ordinance, Cap. 115, Laws of Hong Kong;

(ii) torture or cruel, inhuman or degrading treatment or punishment under Article 3 of Section 8 of the Hong Kong Bill of Rights Ordinance, Cap, 383, Laws of Hong Kong;

(iii) persecution with reference to the non-refoulement principle under Article 33 of the 1951 Convention relating to the status of the Refugees (the Refugee Convention).

If the claim of the protection claimant is rejected by the Immigration Department (ImmD), he can submit his appeal to the Torture Claim Assessment Board (TCAB) (/Non-refoulement Claims Petition Office). If the Board upholds the refusal, the protection claimant can still lodge a judicial review to High Court to see if a high standard of fairness has ever been adopted for his case assessment. While Hong Kong upholds the principles of international law and local legislation to grant non-refoulement protection to these claimants, it is however noted that many of them has abused the mechanism, leaving heavy out drain of resources to contain the issue. Worse still, quite a large number of them has committed a wide range of offences from illegal worker to rape, robbery or even attempt murder, when they are on recognizance, and thus generated a real threat to the security of Hong Kong society.

As a result, the Government now wants to implement different measures to step up the control on the issue, and the new Assistant Director post planned to be created is to effectively coordinate all these measures so as to foster a significant change in the near future.

The new measures to be launched by the Government includes:

(i) Pre-arrival Control, i.e. widen up the scope of unauthorized entrants to prevent their illegal entry to Hong Kong;

(ii) Tighten up the unified screening mechanism so as to speed up both the Tier I (by ImmD) and Tier II (by TCAB) application processing;

(iii) Increase of detention facilities against the upsurge of non-refoulement

claimants;
(iv) Step up the efficiency of the enforcement and repatriation operations against the non-refoulement claimants.

Language Competence

As mentioned before, language competence including good mastering of both English and Chinese, plus some knowledge of other languages like French, Japanese or Thai, and dialects Like Chiu Chau, Fukien, or Hakka, is always a favour to an Immigration Officer. In control points, Immigration Officer may be tasked to perform Channel Supervisor duty, and is required to conduct secondary examination with the doubtful visitors from time to time.

It is advisable for applicants to air out his language competency to the Interview Board when being asked for, or when opportunity so arises.

Sensitivity

While it is not easy to test someone's sensitivity in a single interview, the Interview Board will see it through the "impromptu talk" session, as the applicant has to respond to a specific topic, given in random, within a very short span of time and under heavy pressure.

There may not be anything you can associate the topic with the Immigration Service under such critical situation. Never mind, because the gist of the test is to see how well you can respond, but not how familiar you are with the immigration knowledge. The more colloquial you can present your topic, the better impression you can give to the Interview Board.

Maturity

To be an officer, applicants should be well aware to dress up formally before attending the Interview Board. For those fresh graduates, when being challenged with their young age, they should show confidence during the whole interview throughout, with the conclusion that " whether one is old enough to find his way to society, or not, does not depend on his age, but his maturity and personality. " Besides, interviewer may intentionally probe into a particular topic which the applicant supposedly not familiar with, in order to see his reaction under pressure, and to access his maturity from his behaviour.

附錄二：入境事務處2018年工作回顧

入境事務處（入境處）處長曾國衛今日（2月1日）舉行新聞發布會，回顧入境處過往1年的工作並前瞻未來。本處2018年的主要工作摘要如下：

出入境管制站的交通流量

2018年總出入境人次超過3.14億，較2017年上升5.1%。全年的訪港旅客入境人次超過6,514萬，較2017年上升11.4%。其中，內地訪客入境人次為5,080萬，較2017年上升15%，而其他訪客的入境人次則為1,434萬，較2017年微升0.5%。全年的訪港旅客入境人次中，機場管制站的訪港旅客有1,439萬人次、陸路管制站達到4,593萬人次、海路管制站則達到482萬人次。

便利出入境的措施

新管制站啟用

高鐵西九龍站及港珠澳大橋香港口岸分別已於2018年9月23日及10月24日正式啟用，進一步提升管制站的整體旅客處理能力。

高鐵西九龍站採用「一地兩檢」通關模式運作，跨境旅客可在該管制站內同時辦理香港及內地的出入境手續。該管制站共設有98個出入境檢查櫃枱及51條多功能e-道，方便跨境旅客辦理出入境檢查手續。

港珠澳大橋口岸採用「三地三檢」模式，並由三地政府於各自屬地設立口岸。香港口岸內設有旅檢大樓及車輛檢查亭等設施，分別為跨境旅客及司機提供出入境檢查服務。香港口岸的管制站共設置96個出入境檢查櫃枱及53條多功能e-道，以便跨境旅客辦理出入境檢查手續，另有52個車輛檢查亭可供跨境穿梭巴士、旅遊巴士、私家車及貨車使用。

擴展「e-道」服務

為進一步提升處理旅客出入境的能力和效率，本處善用科技，讓更多旅客可以使用e-道辦理出入境手續。截至2018年年底，各管制站共設有699條多功能「e-道」，可靈活調配供合資格的香港居民或訪港旅客使用，當中包括設置在高鐵西九龍站和港珠澳大橋香港口岸的104條新「e-道」。新設計在多方面作出優化，包括外觀美感、人工力學、操作效率和便利快捷程度方面。

為進一步便利視障人士使用「e-道」服務，繼落馬洲支線、港澳客輪碼頭、深圳灣和中國客運碼頭管制站後，具語音輔助功能的「e-道」服務亦於2018年擴展到羅湖管制站及新落成啟用的高鐵西九龍站和港珠澳大橋香港口岸。

繼本處與韓國、新加坡、德國和澳洲推行互相使用自助出入境檢查服務安排後，入境處於2018年9月15日亦與泰國推行相關安排。在新安排下，合資格的香港特別行政區（香港特區）電子護照持有人可無須預先登記而使用泰國的自助出入境檢查服務，而合資格的泰國護照持有人亦可登記使用香港的「e-道」服務。

此外，本處與新加坡亦放寬登記互相使用自助出入境檢查服務的資格。由2018年12月13日起，合資格的新加坡護照持有人登記前的訪港次數，由12個月內到訪不少於3次放寬為24個月內不少於兩次。同樣安排亦適用於前往新加坡旅遊的特區護照持有人。

特區政府會繼續與其他跟香港在旅遊及商業方面有緊密聯繫的國家及地區磋商，推出更多互相使用自助出入境檢查服務的安排。本處相信這安排將為香港居民及與香港有密切聯繫的經濟體的居民帶來更多旅遊便利，加強彼此在商業、社會及文化方面的交流。

吸引外來人才

一般就業政策

本港一向對來港就業或投資的專才和企業家實施開放的政策。現行的「一般就業政策」容許具備香港需要而又缺乏的技能、知識或經驗，或能夠對本港經濟作出重大貢獻的海外人士來港。2018年，共有41,592名海外專才和企業家根據此政策獲准來港。

輸入內地人才計劃

自2003年7月實施「輸入內地人才計劃」後，本港已成功吸引來自不同行業的內地專才來港工作。主要行業包括「藝術及文化」、「學術研究及教育」和「金融服務」。2018年，本處共批准13,768宗申請。

優秀人才入境計劃

2006年6月推出的「優秀人才入境計劃」旨在吸引高技術人才或優才來港定居，藉以提升香港的競爭力。世界各地的優秀人才來港定居前無須先獲得本地僱主聘任。特區政府於2018年8月28日公布首份香港人才清單，共包含11項專業。符合人才清單要求的申請人經評核後，可在「綜合計分制」下獲得30分額外分數。2018年共有555名申請人獲分配名額，當中527名來自「綜合計分制」（包括5名符合人才清單要求而獲得30分額外分數的申請人），而來自「成就計分制」的則有28名。透過「綜合計分制」獲分配名額的申請人，主要來自「金融及會計服務」、「資訊科技及電訊」、「建築、測量、工程及建造」和「商業及貿易」四個界別。而透過「成就計分制」獲分配名額的申請人，則主要來自「體育運動」、「藝術及文化」和「廣播及娛樂」3個界別。

非本地畢業生留港/ 回港就業安排

本處於2008年5月推出「非本地畢業生留港／回港就業安排」，以進一步吸引非本地畢業生留港及回港工作，藉以提升香港的人力資本及競爭力。自2018年5月14日起，「非本地畢業生留港／回港就業安排」已擴展至涵蓋在香港修讀全日制經本地評審非本地課程而獲得學士學位或更高資歷的非本地學生。2018年，共有10,150名非本地畢業生根據此安排獲批准留港/ 回港工作。

輸入中國籍香港永久性居民第二代計劃

為了吸引移居海外的中國籍港人第二代子女回港發展，本處於2015年5月推出「輸入中國籍香港永久性居民第二代計劃」。截至2018年年底，本處共收到675宗申請，當中386宗獲批。獲批申請人主要來自美國、加拿大、澳洲、英國及荷蘭。他們主要持有工程、金融、資訊科技或法律等專業的相關學士或碩士學位，部分申請人更具備相關行業的工作經驗，能為香港補充人力資本。

放寬優才、專業人士及企業家的逗留安排

為更積極招攬及挽留外來人才、專才及企業家，以擴大香港的人才庫，本處自2015年5月起推行一系列優化措施，包括放寬根據各入境計劃來港的人才的逗留安排。當中，根據「一般就業政策」、「輸入內地人才計劃」，以及「優秀人才入境計劃」下「綜合計分制」來港的頂尖人才，在申請延期逗留時可獲准延期逗留六年而不受其他逗留條件限制，以方便他們留港長期發展。自優化措施推出至2018年年底，已有3,502名頂尖人才受惠。

科技人才入境計劃

特區政府在2018年6月25日推出「科技人才入境計劃」，旨在透過快速處理安排，讓合資格科技公司/ 機構申請輸入非本地科技人才到香港從事研發工作。合資格科技公司/ 機構須先向創新科技署申請配額。獲發出配額的公司/ 機構可相應地於為期6個月的配額有效期內，向本處為合資格人士申請工作簽證/ 進入許可。截至2018年年底，本處共收到29宗相關的工作簽證/ 進入許可申請，其中24宗已獲批准。

宣傳各項人才入境計劃以匯聚人才

為吸引更多外來人才，本處人員去年到訪澳洲及新西蘭舉行推廣活動，並與香港移民第二代及其他有興趣到香港發展的人士會面，詳細講解各項入境計劃。入境處會於2019年繼續積極推廣各項人才入境計劃，以爭取世界各地的人才來港發展，為香港經濟作出貢獻。

執法行動

反非法勞工及打擊水貨客行動

本處十分關注僱用非法勞工的違法行為，在2018年進行了16,108次反非法勞工行動，共拘捕6 290名非法勞工和660名僱主。本處亦不斷加強採取執法行動，針對打擊非華裔非法入境者或屬免遣返聲請人的非法勞工及其僱主。2018年，本處展開了720次針對非華裔非法勞工的行動，共拘捕了451名非華裔非法勞工和242名本地僱主。

本處一直致力打擊非法水貨活動的罪行。為進一步打擊有關違法行為，本處自2012年9月起進行了一連串代號為「風沙」的反非法勞工行動。截至2018年年底，本處共拘捕了3,455名涉嫌從事水貨活動而違反逗留條件的內地訪客及19名涉嫌聘用非法勞工的本地僱主。當中，231名內地訪客已被定罪和被判入獄4星期至3個月不等。本處亦已按既有機制，將被定罪的內地居民資料，通報內地有關當局以註銷他們的赴港簽注，並禁止他們在兩年內再次訪港。

此外，本處已制訂「懷疑水貨客監察名單」，並透過不同方式，包括從被捕或定罪人士資料、情報收集及出入境數據分析等，將懷疑從事水貨活動人士的資料放入監察名單內。在他們再次入境時，本處會進行查問。若他們來港的目的有可疑，便會拒絕他們入境並即時遣返內地。同時，管制站人員亦會繼續進行突擊截查及採取特別行動打擊水貨客。截至2018年年底，本處已把約24,600名懷疑從事水貨活動的內地人士的資料放入監察名單內，被拒絕入境的人士累計超過74,500人次。

對內地孕婦的入境配套措施

為配合自2013年起實施的「零分娩配額」（俗稱「零雙非」）政策，防止沒有預約分娩服務的內地孕婦來港產子，本處已全面加強對內地孕婦的入境配套措施，包括加強管制站的入境截查工作，並成立了一個專責小組，集中打擊透過與港人假結婚、逾期逗留或其他違法行為來港產子的內地孕婦及安排他們來港分娩的中介人或其他相關人士。本處亦會分析內地孕婦闖關的慣用手法及趨勢，從而作出針對性的截查。2018年，本處在管制站共截查了60,375名內地孕婦，當中4,345名無預約分娩服務的內地孕婦被拒入境，其資料亦已通報內地部門，以防止她們再次闖關。此外，內地孕婦未經預約在本港醫院分娩的個案已大幅下降，2018年每月平均只有少於兩宗，反映相關措施成效顯著。

偵破多宗假結婚案

本處一直非常關注外地人士透過假結婚在香港居留的問題，並已成立專案小組循不同途徑搜集情報。婚姻登記處人員亦會特別注意可疑的結婚個案。本處對每一宗可疑個案均作出深入調查，以搜集足夠證據，向涉案人士提出檢控。2018年，共有67名人士因涉及假結婚案件而被定罪及判監12至42個月不等。

本處留意到有不法集團持續透過報章、即時通訊軟件和交友程式廣傳信息，當中聲稱能賺取巨額報酬，誘使青年人參與假結婚勾當。經過情報分析和深入調查後，本處自2016年5月起展開代號為「閃刺」的一連串拘捕行動，成功瓦解一個跨境假結婚犯罪集團。行動至今共拘捕了91名香港及內地居民，包括三名為香港永久性居民的犯罪集團骨幹成員。該3名骨幹成員已於2018年9月被裁定多項串謀詐騙罪名成立，分別被判入獄30至42個月，而同案的19名參與假結婚的香港或內地居民因串謀詐騙而被判有罪，分別被判處監禁4至18個月不等。此外，本處亦於2017年12月進行代號為「圈套」的行動，委派調查人員以「放蛇」手法與假結婚中介人會面。行動至今共拘捕了84名涉案人士，包括1名集團主腦、3名骨幹成員及80名涉嫌參與假結婚的香港或內地居民。該集團主腦已於2018年4月承認煽惑干犯串謀的控罪，被判監禁12個月。上述兩項行動目前仍然繼續，不排除將有更多涉案者被檢控。至於其他涉案的內地居民，本處已將有關情況通報內地執法機關。

本處不時透過新聞簡報會、新聞稿和傳媒訪問等渠道，發放有關本處搗破假結婚集團，以及中介人和參與假結婚人士被成功檢控的信息。為更有效發放有關資訊，本處亦特別製作了一段《切勿誤墮假結婚陷阱》的宣傳短片，讓包括青年人在內的公眾人士明白參與假結婚的可能後果，以及干犯相關罪行的嚴重性。本處日後會繼續以不同和嶄新的渠道發放有關信息，提醒市民切勿參與假結婚活動。

遏止跨國非法移民活動及打擊偽造證件活動

本處一直與國際、內地及本地執法機關共同致力打擊跨國偷渡和行使偽造證件的罪行，並設立了反偷渡情報局，專責打擊跨國非法移民活動和調查涉及香港特區護照的案件。2018年5月，反偷渡情報局接獲情報後，截獲兩名涉及非法偷渡活動的斯里蘭卡籍和加拿大籍男子。該兩名男子承認一項以欺騙手段取得服務的控罪，分別被判監禁18及22個月。同時，該名斯里蘭卡籍男子亦承認一項管有偽造旅行證件的控罪，被判監禁18個月，所有刑期同期執行，被判監禁合共18個月。本處經常與各駐港領事館舉行定期會議，商討打擊非法移民及相關跨境罪案等問題。本處亦不時與國際及本地執法機關進行聯合行動，遏止跨國性的偷渡罪行。在2018年11月，本處在香港國際機場進行了代號為「天網」的大型行動，澳洲、加拿大、法國、日本、荷蘭、英國及美國駐港總領事館的代表人員亦有參與，擔當顧問或觀察人員的角色。

本處一直致力打擊偽證活動，防止有人使用偽造旅行證件進入香港或經香港前往其他國家。調查人員在2018年共執行了28,982次打擊偽證行動，並截查了28,993名旅客。另外，本處於2018年共檢獲449本偽造旅行證件和196張偽造智能身份證。本處會繼續與本港、內地和海外其他執法機關及領事館保持緊密聯繫，交換有關偽造證件的資料及情報，採取果斷行動打擊有關罪行。

為防止不法份子利用偽造香港身份證作非法用途，本處會繼續為政府及私人機構等須經常處理身份證明文件的人員舉辦講座，講解智能身份證的防偽特徵和辨別偽造智能身份證的方法，藉以提升前線人員的警覺性。

加強打擊販運人口

為確保有效落實各政策局和部門的打擊販運人口工作，並提高公眾對販運人口的認知，特區政府已於2018年3月成立一個高層次督導委員會，由政務司司長擔任主席、保安局局長和勞工及福利局局長出任副主席、相關部門首長出任委員。督導委員會會就打擊販運人口和加強保障外傭兩方面作出策略性指導，並制訂《香港打擊販運人口及加強保障外籍家庭傭工行動計劃》，提出一系列全面且具策略性的針對措施，涵蓋識別受害人、調查、執法、檢控、保護和支援受害人、預防工作以及與各持份者建立伙伴合作關係等多個範疇。

本處非常重視打擊販運人口活動。打擊販運人口的重要工作之一，是不斷加強和完善識別受害人機制。2015年，入境處首先推出販運人口受害人識別機制，以審核和識別被捕或報稱為受害人且屬於受剝削風險較高的人士，例如非法入境者、性工作者、非法勞工、外傭和輸入勞工等，以及其他懷疑可能為受害人的個案。

調查方面，本處會繼續參與由警務處、香港海關、勞工處和入境處組成的「跨部門聯合調查隊」的定期會議，討論販運人口活動的最新趨勢和打擊販運人口罪案的執法措施、交換情報，以及進行聯合調查行動。

在人員培訓方面，本處已把販運人口議題納入部門人員的入職訓練中。此外，本處亦會繼續積極參與「打擊販運人口國際會議」等國際或地區會議和工作坊，以找出針對販運人口問題的最佳辦法。

成立反恐科

為了加強反恐偵測及調查能力，入境處於2018年6月成立反恐科，負責制訂和檢討本處的反恐策略、收集和分析反恐情報、對懷疑恐怖份子的出入境活動進行調查和執法行動，以及與本地、內地及海外執法機關及駐港領事聯繫。此外，入境處亦已指派七名反恐科人員，作為本處代表，參與「跨部門反恐專責組」的工作。

本處會因應恐怖襲擊的威脅評估及實際情況，繼續在各口岸採取相應措施，加強截查和訊問可疑人士。此外，本處會把懷疑與恐怖主義活動有關的訪客資料納入監察名單。如在口岸截獲該等人士，本處會拒絕其入境並轉交相關執法部門跟進。2018年，反恐科人員在香港國際機場和各陸路及港口管制站共進行了3,909次相關的巡查行動，截查人次為14,278。

為提升入境處人員的反恐意識及對恐怖活動的認知，本處重點加強前線人員的反恐訓練，以堵截懷疑涉及恐怖活動的可疑旅客。自2016年11月起，本處定期舉辦內部反恐訓練課程及演習。截至2018年年底，本處為2,784名入境處人員舉辦了47次內部反恐訓練課程；而「跨部門反恐專責組」自成立以來，則為326名入境處人員舉辦了6次反恐訓練課程。

本處會繼續透過不同渠道與本地、內地及海外執法機關交流反恐情報，分析和調查所得情報，並依法實施有效的出入境管制，拒絕危害社會本港治安的人士入境，以確保香港繼續成為全球最安全的城市之一，免受恐怖主義威脅。

全面檢討處理免遣返聲請的策略

統一審核機制於2014年3月實施。機制實施初期，藉非法入境、逾期逗留，以及在口岸遭拒絕入境時提出免遣返聲請的數目明顯上升。針對有關情況，特區政府於2016年就處理免遣返聲請的策略展開全面檢討，並落實多項針對性措施，包括防止可能提出聲請的人抵港、加快審核程序、加強執法及加快將聲請被拒的人遣送離港等方面，從根本解決免遣返聲請的問題。本處一直積極配合相關的檢討工作，2018年多項措施繼續取得成效。

打擊非華裔人士偷渡來港

在統一審核機制實施初期，聲請人的其中一個主要抵港途徑是從原居國經內地再非法進入香港，他們主要來自越南、巴基斯坦和孟加拉等不獲免簽證入境待遇的國家。本處非常關注有關情況，與香港警方及內地有關當局保持緊密聯繫及相互情報交流，協力從源頭打擊這類非法偷渡活動。

自2016年2月中展開有關專項行動以來，內地相關省區公安邊防、出入境部門在各省區持續打擊非法入境活動，專項行動成效明顯。非華裔非法入境者的數目自2016年下半年起顯著回落。2018年，被截獲的非華裔非法入境者有639人（每月平均53人），較2015年第3季高峰期的1,241人（每月平均414人）減少約87%。在2018年，本處與內地執法機關和香港警務處共展開九次聯合行動，成功偵破多個跨境犯罪集團並拘捕了440名涉案人士，包括150多名人蛇集團骨幹成員。

入境處留意到人蛇集團蛇頭會改變手法，包括轉移偷渡路徑和模式。因此，入境處和本地及內地的執法機關必須繼續緊密合作，嚴厲打擊水陸兩路的偷渡活動及販運人蛇集團。

實施印度國民預辦入境登記

另一方面，由於為數不少的免遣返聲請人為利用免簽證訪港待遇來港後逾期逗留的印度籍旅客，本處自2017年1月23日起實施「印度國民預辦入境登記」，以防止屬高風險類別的印度籍可疑訪客前往香港。根據有關安排，印度國民若非屬於獲豁免類別人士，必須預先在網上申請及成功辦妥預辦入境登記，才可免簽證來港旅遊；否則須向本處直接申請入境簽證。預辦入境登記的有效期為六個月，期間可多次入境。如符合一般的入境規定，登記人在預辦入境登記的有效期內，可憑自行列印的「印度國民預辦入境登記通知書」及其已登記的有效印度護照，多次免簽證來港旅遊，每次逗留最多14天。截至2018年年底，共有663,885宗已成功登記。自「印度國民預辦入境登記」實施至2018年年底，逾期逗留的印度旅客每月平均人數較2016年每月平均人數下跌超過80%，而由印度國民所提出免遣返聲請的每月平均宗數，亦較2016年的每月平均宗數下跌近80%。

打擊在港從事非法工作的免遣返聲請人及其僱主

根據《入境條例》第38AA條，非法入境者或受遣送離境令或遞解離境令規限的人不得接受有薪或無薪的僱傭工作，或開辦或參與任何業務。違例者一經定罪，最高可被罰款5萬元及監禁3年。自條例生效至2018年年底，共有2,132人因涉嫌違反該條例而被捕。

本處不斷加強採取執法行動，針對打擊在港非法工作的免遣返聲請人及其僱主。根據分析，非法入境者或免遣返聲請人比較集中於個別地區的回收業、飲食業、裝修單位等從事非法工作。因此，本處不斷加強巡查有關地區的工廠、酒樓、食物製造工場、裝修中的單位、廢料回收工場、貨櫃場和貨倉等地點，收集情報，並在適當時進行拘捕行動（包括有需要時與其他執法機關採取聯合行動）。2018年，本處共採取720次針對非華裔非法勞工的行動，合共拘捕了451名非華裔非法勞工和242名本地僱主。同時，本處亦會繼續加強宣傳，提醒僱主僱用不可合法受僱的人屬嚴重刑事罪行，會被判即時入獄。

審核程序

自統一審核機制於2014年3月實施，本處就根據所有適用理由審核免遣返聲請。在剛實施有關審核機制時，尚待處理的個案共有6,699宗。由2014年3月到2018年年底，本處共接獲16,584宗聲請；同期，本處已就16,032宗聲請作出決定，當中127宗獲確立，另6,705宗撤回。整體而言，在2018年年底，尚待審核的聲請為546宗，較2017年年底的5,899宗大幅下降91%。尚待審核的個案主要由來自孟加拉、巴基斯坦、菲律賓、印尼及印度的聲請人提出，合共約佔總數66%。

2018年，本處共接獲1,216宗免遣返聲請，較2017年的1,843宗減少34%，亦較高峰期大幅減少8成。本處不斷致力在現行的法律框架下推出多項優化審核程序和提升資源運用效率的措施，包括提早預約審核會面安排和優化簡介會流程等，藉以加快審理聲請個案。現時本處處理每宗聲請的時間已縮短至約10星期，而審核會面的成功率亦由2014年統一審核機制實施初期的61%，提升至2018年的94%。

總結統一審核機制實施至今，通過各項加快處理聲請個案的措施，以及政府適時增加公費法律支援的處理配額，本處於2018年共處理5,467宗聲請個案，較2017年的4,182宗增加31%，達到每年處理超過5,000宗個案的預期目標。現行措施取得成效，本處已於2019年1月內整體完成審核所有積壓的聲請。隨著過往積壓個案已完成，入境處可就新接獲的聲請即時展開審核程序。入境處會逐步轉為集中人手及資源處理後續工作，首要為支援上訴程序，並盡快遣送聲請被拒者離港。

因應大部分聲請不獲確立的人士會就入境處的決定提出上訴，特區政府已增撥資源及委任新委員加入酷刑聲請上訴委員會，加快處理上訴個案。本處會積極配合支援相關上訴程序，包括透過調配人手和資源及優化工序。就有關免遣返聲請的司法覆核許可申請有上升的趨勢，特區政府一直就處理免遣返聲請的情況與司法機構保持溝通。本處會繼續按情況作靈活安排，就處理各種與聲請有關的法律事宜提供適切支援。

為更有效規範審核程序和防止故意拖延或濫用機制的情況，特區政府現正檢討《入境條例》中關於審核聲請的程序及相關事宜的法律條文，並參考現行統一審核機制的運作經驗及其他國家的相關法律條文和安排。特區政府已於2018年7月10日及2019年1月8日就有關檢討的進展向立法會匯報，並計劃在2019年上半年向立法會提交條例草案。入境處會積極配合有關修訂法例的工作。

加快遣返免遣返聲請不獲確立的人士

本處會盡快依法遣送所有免遣返聲請不獲確立的人士。本處一直保持與聲請人主要來源國的政府、航空公司及其他政府部門密切溝通，確保可盡快將聲請不獲確立的人士遣離香港。於2018年，本處共遣返2,527名聲請人，當中屬聲請被拒的人有1,859名，較2017年上升38.7%。

本處亦積極尋求各種進一步提升遣送效率的方法，例如利用包機執行大規模遣送行動，大大提升了遣送工作的效率。本處自2017年底起，先後三次租用專機進行大規模的遣返行動，將一共171名越南籍非法入境者遣送離境。2017年12月、2018年2月及12月，本處以包機航班分別把68名、20名及83名越南籍非法入境者遣離香港。另外，遇有不願意接受自願遣返安排甚至以激烈手法拒絕離境的人士，本處會與有關航空公司和領事館人員聯絡，在有需要的情況下，本處會採取強制遣返行動，或派員乘搭同一航機陪同該人士離境。

由於遣送工作備受其他外在因素影響，包括聲請被拒者採取不合作的態度阻礙遣送行動、航班安排或申領回國證件需時等。入境處會積極與各方溝通及盡力協調，並為相關工作持續作策略性規劃。本處會繼續按實際情況，以切實可行的方法執行有效率的遣送工作。

與海外國家聯繫

此外，本處一直與聲請人的主要來源國家保持緊密聯繫。過往曾出訪越南、巴基斯坦及孟加拉，介紹香港在打擊非法勞工及人口販運方面的嚴格法例條文、實施統一審核機制的目的、就執法行動的情報搜集和聯絡事宜商討合作，以及與當局商討如何加快遣送程序。本處日後會按需要出訪有關的主要來源國家，與當局溝通會面以反映該國人士偷渡來港及在港提出免遣返聲請的情況，以及與當地執法機構建立聯繫、交換情報和開展合作。同時，本處會繼續加強與有關國家領事館的溝通，進一步加快聲請被拒者的遣送程序。

新一代智能身份證換證計劃

新智能身份證及「新一代智能身份證系統」已於2018年11月26日在5間人事登記辦事處推出，而全港市民換領身份證計劃（換證計劃）亦已於同年12月27日展開，市民可在九間新設的智能身份證換領中心（換證中心）辦理換證。

新智能身份證具備更強的防偽特徵，其晶片和保障個人資料的技術亦有所提升。新證以更優質的物料製造，因此更加耐用。由2018年11月26日至2019年1月31日，本處共簽發了100,754張新智能身份證，其中26 287張是經換證計劃簽發的。

「新一代智能身份證系統」提供多項新功能及設施，讓市民可享用更便捷的服務，當中包括推出更新版本的流動應用程式，讓市民可預約申領或換領新智能身份證、預先填寫相關電子表格及查詢輪候狀況等。此外，新增設的自助取籌服務站、自助登記服務站及自助領證服務站均可讓市民享用更便捷的服務。

有關換證計劃的時間表，入境事務隊成員、警務人員和勞工督察已於首個換證階段，即2018年12月27日至2019年3月30日，開始更換新智能身份證，讓他們先行熟悉新身份證的特點，以便打擊與非法入境及僱用非法勞工相關的罪行。此外，行政長官、行政會議成員、立法會議員和主要官員亦可選擇在這個階段換證，以便一同推廣新智能身份證。

其他智能身份證持有人亦已於2019年1月21日開始按其出生年份分階段換證。首批換證的市民為1985年或1986年出生的香港居民，他們須於2019年3月30日或之前換證。由換證計劃展開至2019年1月31日期間，本處已為92,796名申請人辦理申請，當中約91%的申請人已預約，而超過80%的申請人亦有透過互聯網或流動應用程式預先填妥表格，使換證手續更快捷順暢，整體換證效率得以大幅提升。下一批換證的市民為1968年或1969年出生的香港居民，他們須於今年4月1日至6月1日期間換證。本處會適時公布其他年齡組別人士的換證時間表。視乎實際的換證進度，整項換證計劃預計約需四年完成。

本處一直本著精益求精的精神，竭誠為市民提供優質服務。對比上一次全民換證計劃，在今次的換證計劃中，換證中心的登記處理時間由60分鐘縮短至30分鐘。簽發新智能身份證所需的時間亦由10個工作天縮短至7個工作天。此外，本處在今次換證計劃中推出關愛措施，市民在其所屬年齡組別的換證時段更換智能身份證時，可攜同最多兩名65歲或以上的親友一同前往換證，讓這些長者其後無須在所屬年齡組別的換證時段自行前往換證中心換證。由1月21日至1月31日，已有8,099名市民帶同一或兩名65歲或以上的親友一同換證。

為更有效推行換證計劃，本處將繼續透過不同的宣傳渠道向本港或居於香港以外地方的市民介紹新智能身份證和提供換證計劃的詳情。

香港特區護照的簽發及其免簽證入境待遇

2018年，本處共簽發701,467本香港特區護照。去年白俄羅斯、玻利維亞、安提瓜和巴布達及緬甸同意給予香港特區護照持有人免簽證入境或落地簽證待遇。因此，現時合共有163個國家和地區給予香港特區護照持有人免簽證入境或落地簽證安排。本處會繼續游説更多國家和地區給予此項待遇，令香港特區護照持有人外遊時更加方便。

增設全新設計的自助服務站

為進一步提升服務效率以應付市民對特區護照的需求，本處在總部和分區辦事處共增設了9台全新設計的自助服務站，使自助服務站的總數由19台增至28台，方便市民以自助形式遞交特區護照申請。

元朗辦事處遷址及火炭辦事處擴充

元朗辦事處在2018年2月遷往元朗橋樂坊2號元朗政府合署1樓，而火炭辦事處亦在2018年1月完成擴充工程。該兩間辦事處主要為市民提供香港特區旅行證件的申請及簽發、延長在港逗留期限的申請、登記和補發身份證等服務。元朗辦事處新址交通便利，面積較舊址大幅增加，讓市民可在更寬敞的環境下辦理申請手續。擴充後的火炭辦事處則增設了服務櫃檯，以提升辦事處處理申請的能力，為市民提供更優質的服務。

駐內地辦事處入境事務組提供香港特區護照換領服務

為進一步便利身在內地的香港居民，自2016年11月7日起，他們可透過駐北京辦事處、駐上海經濟貿易辦事處、駐成都經濟貿易辦事處及駐粵經濟貿易辦事處的入境事務組遞交換領香港特區護照的申請，並在該駐內地辦事處領取新護照。此外，駐武漢辦的入境事務組亦自2017年11月27日起辦理同類申請。2018年，五個駐內地辦事處的入境事務組共處理2,660份換領香港特區護照申請。

為身處香港境外陷於困境的香港居民提供協助

本處的協助在外香港居民小組與中華人民共和國外交部駐香港特別行政區特派員公署（公署）、中國駐外國使領館、外國駐港領事館、香港特區政府駐外辦事處及其他政府部門緊密合作，為身處香港境外而陷於困境的香港居民提供切實可行的協助。此外，協助在外香港居民小組設有24小時電話求助熱線「1868」，為身處任何國家或地區的香港居民提供緊急協助。同時，外交部的24小時領事保護熱線「12308」亦會根據實際情況及需要，轉介香港居民的求助個案予本處的協助在外香港居民小組處理及跟進。

協助在外香港居民小組於2018年處理的求助個案共有3,592宗，當中大部分求助涉及在境外遺失旅行證件、入院或傷亡等。另外，入境處亦已設立後備支援隊伍，以便一旦發生緊急事故時，可迅速增派人手接聽求助電話和解答市民的查詢，或直接到有關地方為身處當地的香港居民提供緊急支援。

為提升市民出外旅遊時的安全意識，本處於2018年加強宣傳活動，與公署到多間大學、中學及制服團體協作舉行「海外安全與領事保護工作」專題研討會，介紹中國領事保護及協助在外香港居民小組的工作，提醒他們在外遊前及身在外地期間應注意的事項和資訊，包括求助方法和須知等。此外，本處與公署共同製作了「領保動漫視頻」，在保安局網站、入境處網站、YouTube頻道，以及入境處有關辦事處和出入境管制站等不同平台播放，以進一步增加市民的領事保護知識和外遊時的安全意識。本處與公署更邀請了旅遊業和航空業的代表出席該視頻的發布儀式，儀式亦透過媒體發布，以加強市民外遊時的安全意識及對領事保護工作的了解。在過去的聖誕節前夕，本處與公署人員亦曾到機場管制站派發以中國領事保護和外遊安全信息為主題的紀念品，直接向準備外遊的市民作出宣傳。

「外遊提示登記服務」

香港居民可在前往外地旅遊前，透過「外遊提示登記服務」登記他們的聯絡方法和行程，方便本處的協助在外香港居民小組在緊急的情況下與他們聯絡並提供協助。此外，用戶亦可透過「我的政府一站通」接收最新外遊警示及相關公開資料，又或視乎情況，同時接收流動電話短訊。截至2018年年底，共有75,454名香港市民已登記此項服務。

在香港境外發生的重大事故

2018年，香港境外發生了數宗涉及港人的重大事故，包括台灣花蓮地震（2月）、澳洲阿德萊德發生車禍（4月）、日本大阪及北海道受天災侵襲（9月）和日本北海道發生車禍（12月）。本處的協助在外香港居民小組與公署、相關中國駐外使領館、外國駐港領事館、香港特區政府駐內地辦事處和其他政府部門保持緊密聯繫，為受影響的港人及其家屬提供切實可行的協助。

招聘入境事務人員

在2018至19財政年度，入境處會招聘約800名人員（當中包括200名入境事務主任及600名入境事務助理員）。此外，在下一個財政年度（2019至2020），本處會繼續招聘相應人手，以配合業務發展的人手需求。新一輪公開招聘入境事務主任的活動會於2019年第1季展開，而公開招聘入境事務助理員的活動會繼續全年進行。

入境事務處訓練課程獲職業資歷認可

本處一直致力為部隊成員提供靈活和多元的進修途徑，以期提升本處的部隊質素、推廣終身學習文化，以及促進成員的個人發展。本處於2018年聯同香港公開大學李嘉誠專業進修學院，為入境事務助理員職系開辦3個在職和入職訓練課程，有關課程獲資歷架構認可。在資歷架構下，新入職的入境事務助理員完成入職訓練課程後，可獲頒屬資歷架構第4級別的《入境事務及管制專業文憑》，級別與副學士學位及高級文憑同等。

此外，高級入境事務助理員和總入境事務助理員完成相關在職訓練課程後，亦可分別獲頒屬資歷架構第4級別的《入境事務及管制預修管理專業證書》及第5級別的《入境事務及管制前線管理專業證書》，兩個級別分別與副學位及學士學位同等。截至2018年年底，共有462名部隊成員已完成有關訓練課程，包括48位總入境事務助理員、24位高級入境事務助理員和390位入境事務助理員。本處會繼續申請把不同的訓練課程列入《資歷名冊》內，令更多部隊成員獲取相關專業資歷。

獲頒獎項

科技日新月異、推陳出新，入境處必須確保服務與時並進，積極拓展方便旅客出入境的措施和設施，以提升整體的通關效率。在應用嶄新科技方面，本處於2017年推出採用容貌識別技術核實訪港旅客身分的自助離境服務「離境易」，贏得亞太智能卡協會2018年度的「Radiant先鋒大獎」，以表揚入境處在公共身分系統領域內率先使用智能科技為旅客提供優質服務的成就。截至2018年年底，已有超過620萬訪客人次使用該服務。

本處一向秉承精益求精的服務理念，竭力為市民提供更優質的服務。本處在2018年繼續得到社會認同，屢獲殊榮。在機場管理局舉辦的「2018年香港國際機場優質顧客服務計劃」中，本處勇奪「企業團隊卓越獎」的最高殊榮「年度最佳顧客服務獎」，並與香港機場管理局共同奪得「合作團隊卓越獎」。此外，本處亦同時獲頒發「最佳顧客服務躍進大獎」及「香港國際機場二十週年最佳服務創新獎」。另外，本處每年均會舉辦「最有禮貌入境管制人員」選舉，得票最多的管制人員會獲香港旅遊發展局委任為「香港禮貌大使」，發揮部門以禮待人的精神。

2018年，本處有兩名人員獲頒「申訴專員嘉許獎（公職人員獎）」，是連續第20年有同事獲得這個獎項。本處亦有4名人員獲頒「公務員事務局局長嘉許狀」，以表彰他們持續優秀的工作表現，是連續第15年有本處人員獲得嘉許。另外，本處自2006年開始一直獲得香港社會服務聯會頒發「同心展關懷」標誌，並在2015至16年度起獲頒發「10年Plus同心展關懷」標誌，肯定了部門對關懷社區、員工及環境的承擔。本處定當繼續悉力以赴，發揚精益求精的專業精神，為市民提供更優質的服務。

香港入境事務處YouTube頻道

本處於2016年2月推出香港入境事務處YouTube頻道，方便市民隨時隨地閱覽入境處的服務及活動資訊。已上載該頻道的短片共分為3大類別，即介紹最常用入境處服務的申請要求及程序的「服務動資訊」，以及分別介紹本處工作和活動的「關於我們」及「部門活動花絮」。本處在2018年繼續製作和上載了不少短片，內容包括介紹全港市民換領身份證計劃及新智能身份證的特徵。香港入境事務處YouTube頻道自推出以來，已上載超過140段短片，總瀏覽人次超過128萬。本處會繼續製作和上載更多短片，充分利用不同平台，為市民帶來更大的便利。

2019年的展望

將投入服務的新管制站

為配合內地和香港的經濟和社會發展需要，繼高鐵西九龍站及港珠澳大橋香港口岸的管制站於2018年啟用後，香園圍口岸亦預計將於2019年落成，屆時邊境管制站的整體旅客處理能力將可進一步提升。本處會積極配合有關發展，為旅客提供高效率的出入境檢查服務。

加強「全港市民換領身份證計劃」的關愛元素

「全港市民換領身份證計劃」已於2018年12日27日展開，分階段讓市民換領新一代智能身份證，本處會適時公布各年齡組別人士的換證時間表。此外，由2019年第2季開始，本處將會首次以外展形式，陸續到訪全港各長者及殘疾人士住宿院舍，為他們提供「到訪院舍換證服務」，讓他們除了可在其所屬年齡組別時段前往換證中心換證外，還可選擇在住宿院舍換證。

在籌備換證計劃時，本處已諮詢多個殘疾人士非政府團體，以了解有他們的各種需要。綜合各方意見後，本處相應增加各換證中心的無障礙及關愛設施，包括較大及高度顏色對比的指示標誌、可調較高度的電動登記工作枱及點字版本的申請表格等。

另外，為方便長者及視障人士在換證中心內使用服務，本處已經於港島換證中心安裝室內無障礙導航系統。系統會透過藍芽或無線網絡訊號，知道使用者在換證中心身處的位置，從而作出室內導航。本處將會陸續在其他換證中心加裝此系統。有關系統為政府首次採用，使用者利用智能電話下載流動相關應用程式後即可使用，過程簡單方便。

推出「新一代電子護照系統」

「新一代電子護照系統」預計將於2019年第2季分階段推行，屆時本處亦會推出新一代電子特區護照。新護照將會引進市場上最新的防偽特徵，使偽證率維持於低水平，鞏固海外國家或地區對給予香港特區護照持有人免簽證入境待遇的信心。

研發「新一代個案簡易處理系統」

「新一代個案簡易處理系統」（包括「簽證自動化系統」、「協助在外港人、生死及婚姻、居留權決策支援系統」和「執法個案處理系統」）的撥款申請，已於2018年5月4日獲立法會財務委員會批準，項目現正進行招標，預計將於2021年起分階段推出。

促進與「一帶一路」沿線國家的合作交流

為了促進香港與「一帶一路」沿線國家的合作交流，特區政府最近分別與巴拿馬政府及亞美尼亞政府就互免簽證入境安排達成協議。由2019年2月10日起，香港特區護照持有人可免簽證前往巴拿馬旅遊，最長可逗留30天。巴拿馬國民護照持有人亦可免簽證來港旅遊，最長可逗留30天。另外，由2019年3月3日起，香港特區護照持有人亦可免簽證前往亞美尼亞，最長可逗留180天。亞美尼亞國民護照持有人亦可免簽證來港旅遊，最長可逗留30天。屆時，將有合共165個國家和地區給予香港特區護照持有人免簽證入境或落地簽證安排。本處將繼續審視並考慮放寬對「一帶一路」沿線國家的簽證要求，以促進旅遊、文化和經濟交流。

繼續全面檢討處理免遣返聲請策略

全面檢討處理免遣返聲請策略已初見成效，而有關檢討將持續進行。隨着審核積壓聲請的工作已整體上完成，本處會繼續透過高度公平標準的程序，高效處理免遣返聲請。本處亦會作好準備，在來年集中處理後續工作，包括全力跟進上訴及遣返的程序，透過內部調配進一步提高整體成效，並會適時啟動遣送程序及就此與各方（包括聲請人來源國政府）保持緊密有效溝通。本處亦會持續打擊偷運非華裔非法入境者來港和實施其他入境前管制措施，加強針對非法工作的執法，減少聲請者來港的誘因。本處將繼續積極配合檢討，並就即將開展的修訂《入境條例》草案討論工作提供全力支援。

興建新入境處總部

本處計劃於2019年向立法會工務小組委員會及財務委員會提交在有關將軍澳興建新入境處總部的撥款申請。除了現時的總部外，部分目前因空間短缺而分散在不同地區和租用物業的辦公室和設施亦會整合於擬建的總部內，以提高部門的指揮和運作效率，加強協作和溝通，並且提升執法效能。為了向市民提供更方便快捷的服務，本處亦計劃為新總部加入智能元素，當中包括設置多元化自助服務站，讓市民遞交各項申請和領取各類證件或簽證，無須在櫃枱前排隊輪候有關服務。如撥款申請如期獲得通過，工程預計會在2019年展開。

屯門綜合辦事處

為提升服務質素及因應市民對本處服務的需求，入境處將於2019年第3季在屯門兆麟政府綜合大樓設立屯門綜合辦事處，為市民提供一站式服務，包括人事登記、旅行證件申請、延期逗留申請，以及出生和婚姻登記。該辦事處亦設有自助服務設施，讓市民享用更多元化的電子服務。

為提供更便捷及具成本效益的服務，現時的屯門出生及婚姻登記辦事處將遷往新的屯門綜合辦事處。新辦事處的婚禮大堂及公眾等候處較原址寬敞，並會增設攝影專區，以提升服務質素。

附錄三：Immigration Department Review 2018

The Director of Immigration, Mr Tsang Kwok-wai, delivered a year-end review of the Immigration Department (ImmD)'s work in 2018 and its future outlook today (February 1). The following is a summary of the department's major activities in 2018:

Traffic at control points

Over 314 million passengers passed through Hong Kong's control points in 2018, representing an increase of 5.1 per cent over 2017. The total number of visitor arrivals exceeded 65.14 million, representing a 11.4 per cent increase as compared with that of 2017, of which Mainland visitor arrivals was 50.8 million, representing an increase of 15 per cent when compared with that of 2017. Moreover, the number of arrivals of other visitors in 2018 was 14.34 million, which was 0.5 per cent higher than that of 2017. Among the visitor arrivals in 2018, 14.39 million visitors travelled through the Airport Control Point, while over 45.93 million visitors and 4.82 million visitors passed through land control points and sea control points respectively.

Facilitation of people movement

Commissioning of new control points

The West Kowloon Station of the Guangzhou-Shenzhen-Hong Kong Express Rail Link and the Hong Kong-Zhuhai-Macao Bridge Hong Kong Port were commissioned on September 23, 2018, and October 24, 2018, respectively, further enhancing the overall passenger handling capacity of control points.

The West Kowloon Station of the Guangzhou-Shenzhen-Hong Kong Express Rail Link has adopted the co-location arrangement which allows passengers to go through both Hong Kong and Mainland immigration clearance inside the control point. A total of 98 immigration counters and 51 multi-purpose e-Channels are available for cross-boundary passenger clearance at the control point.

The boundary crossing facilities of the Hong Kong-Zhuhai-Macao Bridge Control Point adopt the "separate locations" mode of clearance arrangement. The governments of the three places have set their own boundary crossing facilities within their respective boundaries. Facilities such as the Passenger Clearance Building and vehicle clearance kiosks at the Hong Kong Port provide immigration clearance service for cross-boundary passengers and drivers respectively. In the Hong Kong Port, there are a total of 96 immigration counters and 53 multi-purpose e-Channels for passenger clearance and 52 vehicular clearance kiosks for cross-boundary shuttle buses, coaches, private cars and goods vehicles.

Extension of the e-Channel service

To further enhance passenger clearance handling capacity and efficiency, the department has effectively utilised information technology and extended the e-Channel service to accommodate more passengers. As at the end of 2018, a total of 699 multi-purpose e-Channels were installed at all control points and could be flexibly deployed for use by eligible Hong Kong residents or visitors. Among them, 104 new e-Channels are installed at the West Kowloon Station of the Guangzhou-Shenzhen-Hong Kong Express Rail Link and the Hong Kong-Zhuhai-Macao Bridge Hong Kong Port with enhanced aesthetics and ergonomics, higher operation efficiency, and more convenient and faster services.

Moreover, to further assist visually impaired persons in using the e-Channel service, after the launch of the voice-navigated service at the Lok Ma Chau Spur Line, Macau Ferry Terminal, Shenzhen Bay and China Ferry Terminal Control Points, the service was extended to the Lo Wu Control Point and the newly commissioned West Kowloon Station of the Guangzhou-Shenzhen-Hong Kong Express Rail Link and the Hong Kong-Zhuhai-Macao Bridge Hong Kong Port in 2018.

Following the arrangement for mutual use of automated immigration clearance services with Korea, Singapore, Germany and Australia, a similar arrangement with Thailand was implemented on September 15, 2018. Under the new arrangement, eligible holders of a Hong Kong Special

Administrative Region (HKSAR) electronic passport can use the automated immigration clearance service in Thailand without prior enrolment, while eligible holders of a Thai passport can enrol for the e-Channel service in Hong Kong.

Furthermore, the department and Singapore have relaxed the requirement for enrolment for automated clearance service. With effect from December 13, 2018, the required number of visits paid by eligible Singaporean passport holders to Hong Kong prior to enrolment has been relaxed from no fewer than three times within 12 months to no fewer than two times within 24 months. A reciprocal arrangement has also been offered to HKSAR passport holders visiting Singapore.

The HKSAR Government will continue to liaise with countries and regions having close ties with Hong Kong in tourism and trade to introduce the mutual use of automated immigration clearance service. The department believes that this will allow greater travel convenience for people in Hong Kong and its partnering economies, which in turn will enhance the economic, social and cultural ties between the places.

Attracting talent from outside Hong Kong

General Employment Policy (GEP)

Hong Kong maintains an open policy towards professionals and entrepreneurs entering the city for employment or investment. The prevailing GEP allows entry for those with skills, knowledge or experience of value to and not readily available in Hong Kong, or who can contribute substantially to the economy. In 2018, 41,592 foreign professionals and entrepreneurs were admitted under this policy.

Admission Scheme for Mainland Talents and Professionals (ASMTP)

The ASMTP has attracted a wide variety of professionals from the Mainland to come to work in Hong Kong since its implementation in July 2003. The main sectors of employment were arts and culture, academic research and education, and financial services. In 2018, a total of 13 768 applications were approved.

Quality Migrant Admission Scheme (QMAS)

The QMAS was launched in June 2006 and aims to attract highly skilled or talented persons to settle in Hong Kong in order to enhance Hong Kong's economic competitiveness. Talent from around the world can apply to settle in Hong Kong without first securing an offer of local employment. The HKSAR Government promulgated the first Talent List of Hong Kong, which contains 11 professions, on August 28, 2018. Applicants who meet the requirements of the Talent List will be awarded 30 bonus points under the General Points Test (GPT) after assessment. In 2018, 555 applicants were allotted under the quotas, with 527 under the GPT (including five applicants who were awarded 30 bonus points for meeting the requirements of the Talent List) and 28 under the Achievement-based Points Test (APT). Applicants allotted through quotas under the GPT were mainly from four sectors, namely financial and accounting services, information technology and telecommunications, architecture, surveying, engineering and construction, and commerce and trade. Under the APT, successful applicants mainly came from three sectors, namely sports, arts and culture, and broadcasting and entertainment.

Immigration Arrangements for Non-local Graduates (IANG)

The IANG was launched in May 2008 to further attract non-local graduates to stay/return and work in Hong Kong so as to strengthen Hong Kong's human capital and competitiveness. With effect from May 14, 2018, the IANG has been extended to cover non-local students who have obtained an undergraduate or higher qualification in a full-time locally accredited non-local programme in Hong Kong. In 2018, 10,150 non-local graduates were given permission to stay/return and work in Hong Kong.

Admission Scheme for the Second Generation of Chinese Hong Kong Permanent Residents (ASSG)

The ASSG was launched in May 2015 to attract the second generation of

Chinese Hong Kong permanent residents from overseas to return to Hong Kong. As at the end of 2018, the department had received 675 applications, of which 386 applications had been approved. The majority of the applicants approved came from the United States, Canada, Australia, the United Kingdom and the Netherlands, and they held bachelor's or master's degrees mainly in engineering, finance, information technology or law. Some of them also had relevant experience that could supplement Hong Kong's human capital.

Relaxation of the stay arrangements for talent, professionals and entrepreneurs

To take a more proactive approach to recruiting and retaining talent, professionals and entrepreneurs from outside Hong Kong, and hence expand the talent pool, the department has implemented a series of enhancement measures since May 2015, including the relaxation of the stay arrangements for entrants admitted under various admission schemes. Among others, top-tier entrants under the GEP, the ASMTP and the GPT under the QMAS may be granted a six-year extension on time limitation only without other conditions of stay upon application for extension, with a view to facilitating their long-term development in Hong Kong. From its implementation to the end of 2018, 3,502 top-tier entrants had benefited from the measure.

Technology Talent Admission Scheme (TechTAS)

The HKSAR Government rolled out the TechTAS on June 25, 2018, to provide a fast-track arrangement for eligible technology companies/institutes to admit non-local technology talent to undertake research and development work in Hong Kong. Eligible technology companies/institutes would first have to apply for a place under a quota fromthe Innovation and Technology Commission. A company/institute allotted under a quota can accordingly sponsor an eligible person to apply from the department for an employment visa/entry permit within the six-month quota validity period. As at the end of 2018, a total of 29 applications for the relevant employment visa/entry permit had been received, of which 24 had been approved.

Promotion of talent admission schemes to attract talent

To take a more proactive approach to attracting talent and professionals from outside Hong Kong, officers of the department visited Australia and New Zealand in 2018. Publicity activities were organised to introduce various talent admission schemes to the second generation of emigrated Hong Kong residents and others who are interested in developing a career in Hong Kong. The department will continue to promote various talent admission schemes in 2019 so as to attract talent from around the world to Hong Kong for development and make contributions to Hong Kong's economy.

Law enforcement

Operations against illegal workers and parallel traders

The department is greatly concerned about illegal employment offences. In 2018, 16,108 operations against illegal employment were conducted, with 6 290 illegal workers and 660 employers arrested. In addition, the department has continued to step up enforcement action against illegal workers who were non-ethnic Chinese illegal immigrants (NECIIs) or non-refoulement claimants and their employers. In 2018, the department conducted 720 targeted operations against non-ethnic Chinese illegal workers, in which a total of 451 non-ethnic Chinese illegal workers and 242 local employers were arrested.

The department has beenmaking concerted efforts to combat offences involving parallel trade activities. Since September 2012, the department has mounted a series of anti-illegal worker operations code-named "Windsand". As at the end of 2018, a total of 3,455 Mainland visitors had been arrested for breaching their conditions of stay by being involved in suspected parallel goods trading, and 19 local employers had been arrested on suspicion of employing illegal workers. Among them, 231 Mainland visitors were convicted and sentenced to four weeks to three months' imprisonment. In accordance with the existing mechanism, the department has passed the particulars of the convicted Mainland residents to the Mainland authorities for cancellation of their exit endorsements and they will be prohibited from visiting Hong Kong for two years.

Moreover, the department has established a monitoring list of suspected parallel traders, which contains information on persons suspected to be involved in parallel trading activities collected through various means, including information from arrested and convicted persons, intelligence and analysis of immigration data. When they seek entry in future, the department will conduct examination and, if their purpose of entry is in doubt, refuse their entry and repatriate them to the Mainland immediately. Meanwhile, spot checks and special operations will continue to be conducted at control points to detect visitors who are suspected of being involved in parallel trade activities. As at the end of 2018, information on about 24,600 suspected Mainland parallel traders had been included in the monitoring list and over 74,500 entries had been refused over the years.

Immigration measures for Mainland pregnant women

In order to tie in with the "zero quota" policy implemented since 2013, and prevent Mainland pregnant women who do not have prior booking for obstetric services with local hospitals from entering Hong Kong for delivery, the department has strengthened the complementary immigration measures including proactive interception at control points, and established a task group to focus investigation on Mainland pregnant women who might have contracted a bogus marriage with a Hong Kong resident, overstayed, or used other illicit means to give birth in Hong Kong, as well as the intermediaries or other persons assisting them in doing so. Moreover, the department conducted analysis of the trends and methods of gate-crashing so as to arrange targeted interception. In 2018, 60,375 Mainland pregnant women were intercepted at control points, of whom 4,345 without prior booking for obstetric services at local hospitals were refused permission to land. Their particulars were passed on to the Mainland authorities to prevent them from seeking entry again. In addition, the number of Mainland pregnant women seeking delivery services at local hospitals without prior booking has declined substantially to an average of fewer than two cases per month in 2018, demonstrating the effectiveness of the measures with remarkable results.

Bogus marriages uncovered

The department has been very concerned about foreigners obtaining permission to stay in Hong Kong via the means of bogus marriage. A special task force has been set up to gather intelligence through various avenues. Meanwhile, the Marriage Registries have also stepped up vigilance on suspected cases. The department will thoroughly investigate each suspected case with a view to collecting sufficient evidence so as to prosecute the suspected persons involved. In 2018, 67 persons were convicted of offences relating to bogus marriages and were sentenced to jail terms ranging from 12 to 42 months.

The department has been aware that some criminal syndicates have continually published via newspapers, instant messaging software and social networking mobile applications to induce young people to engage in bogus marriages for huge remuneration. After intelligence analysis and in-depth investigation, the department smashed a syndicate arranging cross-boundary bogus marriages in a series of arrest operations code-named "Flashspear" conducted since May 2016. A total of 91 Hong Kong and Mainland residents have been arrested so far, including three core syndicate members who were Hong Kong permanent residents. The three core syndicate members were convicted of the offences of conspiracy to defraud, and were jailed for 30 to 42 months in September 2018 while a further 19 arrestees of the case were convicted of the offence of conspiracy to defraud and were sentenced to four to 18 months' imprisonment. Furthermore, the department conducted an operation code-named "Snare" by deploying an officer in disguise to meet a bogus marriage intermediary in December 2017. A total of 84 immigration offenders have been arrested in the operation so far, including the syndicate mastermind, three core syndicate members, and 80 Hong Kong and Mainland residents who were suspected of participating in bogus marriages. In April 2018, the mastermind pleaded guilty to the charge of incitement to commit conspiracy and was sentenced to 12 months' imprisonment. The above two operations are ongoing and more prosecutions may be instituted. In addition, Mainland law enforcement agencies have been notified about the cases of the Mainlanders.

To remind members of the public, including young people, of the possible consequences of participating in bogus marriages and the serious implications of committing related offences, the department has from time to time disseminated information on crackdowns on bogus marriage syndicates and successful prosecutions of intermediaries and participants through press conferences, press releases, media interviews and more. To deliver the relevant information more effectively, the department also produced a short video about bogus marriage. The department will continue to deliver such messages via various innovative channels so as to remind members of the public not to participate in activities relating to bogus marriages.

Combating transnational illegal migration and travel document forgery

The department has long worked with overseas, Mainland and local law enforcement agencies to combat illegal international migration and document fraud. The Anti-Illegal Migration Agency (AIM) fights against transnational illegal migration and investigates cases involving HKSAR passports. In May 2018, the AIM received intelligence and intercepted a Sri Lankan man and a Canadian man who were involved in illegal migration activities. They pleaded guilty to one count of obtaining services by deception and were sentenced to 18 and 22 months' imprisonment respectively. Meanwhile, the Sri Lankan man also pleaded guilty to one count of possession of a forged travel document and was sentenced to 18 months' imprisonment. All sentences were to run concurrently, making a total of 18 months' imprisonment. The department often holdsregular meetings with local consular missions to discuss the tackling of problems relating to illegal migration and cross-boundary crimes. Meanwhile, a proactive approach has been adopted for crimes involving transnational illegal migration by conducting joint operations with international and local law enforcement agencies. In November 2018, a special operation code-named "Sky League" was conducted by the department at Hong Kong International Airport, with the participation of the local consulate representatives of Australia, Canada, France, Japan, the Netherlands, the United Kingdom and the United States as advisers or observers.

The department spares no effort in combating travel document forgery in order to prevent the use of forged travel documents to enter Hong Kong or go to other countries by passing through Hong Kong. In 2018, a total of 28,982 operations against forgery activities were conducted and 28,993 passengers were spot-checked, with a total of 449 forged travel documents and 196 forged smart Hong Kong identity cards (HKICs) detected. The department will continue to work closely with the local, Mainland and overseas law enforcement agencies and consulates in the exchange of information and intelligence pertaining to forged documents and the department will take decisive action to combat such crimes.

To prevent the use of forged HKICs for illicit purposes, the department will continue to deliver talks on the security features of smart HKICs, and the ways of identifying forged ones, to personnel in the private and government sectors who often handle identity documents in their work, so as to enhance the awareness of front-line staff.

Stepping up efforts in combating trafficking in persons (TIP)

To ensure the effective implementation of anti-TIP work and heighten public awareness of TIP, the HKSAR Government established in March 2018 a high-level Steering Committee chaired by the Chief Secretary for Administration, with the Secretary for Security and the Secretary for Labour and Welfare as the vice-chairmen and relevant department heads as members. The Steering Committee will offer strategic steer in respect of tackling TIP and enhancing the protection of foreign domestic helpers (FDHs), and formulate the Action Plan to Tackle Trafficking in Persons and to Enhance Protection of Foreign Domestic Helpers in Hong Kong to outline a series of multifaceted measures that are comprehensive, strategic and targeted, covering multiple areas such as victim identification, investigation, enforcement, prosecution, victim protection and support, prevention, and partnership with differentstakeholders.

The department attaches great importance to combating TIP. One of the key tasks in combating TIP is to keep strengthening and improving the mechanism for identifying victims. The department first launched a

TIP victim screening mechanism in 2015 and conducts screening and identification on persons with high risk of being exploited (such as illegal immigrants, sex workers, illegal workers, FDHs, imported workers, and suspected victims in other cases) who have been arrested or who report themselves as victims.

On investigation, the department will continue to participate in the regular meetings of the Inter-departmental Joint Investigation Team comprising the Hong Kong Police Force (HKPF), the Customs and Excise Department, the Labour Department and the ImmD to discuss the latest TIP trends and the enforcement measures against TIP crimes, exchange intelligence, and conduct joint investigations.

On staff training, the department has included the topic of TIP in the induction training for all officers. In addition, the department will continue to actively participate in international or regional conferences and workshops, such as the International Conference on Combating Human Trafficking, so as to identify the best practices against TIP.

Establishment of the Counter-Terrorism Division

In order to strengthen the department's detection and investigation capability in regard to terrorism, the Counter-Terrorism Division (CTD) was established in June 2018 to formulate and review departmental strategies relating to counter-terrorism (CT), collect and analyse CT intelligence, investigate and take enforcement action against the entry and exit of suspected terrorists, and liaise with local, Mainland and overseas law enforcement agencies as well as consulates in Hong Kong. In addition, the department has deployed seven officers of the CTD to serve as the ImmD's representatives in the Inter-departmental Counter Terrorism Unit (ICTU).

In light of terrorist threat assessments and actual circumstances, the department will continue to take appropriate control measures and step up interception and examination of suspicious travellers at various control points. In addition, the department will include the information of visitors suspected of being associated with terrorist activities in a watch list. Any such persons intercepted at control points will be refused permission to land and referred to relevant law enforcement agencies for follow-up. In 2018, a total of 3,909 operations were conducted at Hong Kong International Airport as well as various border and harbour control points, and a total of 14,278 passengers were intercepted for enquiries.

To enhance the professional knowledge and awareness of CT-related issues among its staff, the department provides specialised CT training for front-line officers for interception of suspicious visitors who are suspected to have been involved in terrorist activities. Since November 2016, internal CT training and drills have been regularly organised. As at the end of 2018, a total of 47 internal CT training sessions had been organised for 2,784 officers, while a total of six CT training sessions had been organised for 326 officers since the establishment of the ICTU.

To enable Hong Kong to remain as one of the safest cities in the world, free from threats of terrorism, the department will continue to exchange intelligence with local, Mainland and overseas law enforcement agencies through different channels; conduct analysis and investigation on the intelligence gathered; and exercise effective immigration control in accordance with the law to prevent entry of undesirable persons who may pose a threat to the law and order of Hong Kong.

Comprehensive review of the strategy for handling non-refoulement claims

The Unified Screening Mechanism (USM) commenced its operation in March 2014. In view of the significant increase of claims lodged through illegal entry, overstaying and being refused permission to land at control points at the initial stage of the implementation of the USM, the HKSAR Government commenced a comprehensive review of the strategy for handling non-refoulement claims in 2016. Various targeted measures have been introduced including prevention of the arrival of potential claimants, expediting screening procedures, strengthening enforcement and prompt removal of rejected claimants from Hong Kong to tackle the issue of non-refoulement claims at root. The department has been providing active support accordingly and such measures continually achieved prominent results in 2018.

Enforcement action against smuggling of NECIIs

At the early stage of the commencement of the USM, smuggling via the Mainland from their countries of origin was one of main ways of arrival of claimants in Hong Kong, and of them the majority originated from countries not enjoying visa-free access to Hong Kong including Vietnam, Pakistan and Bangladesh. The department is very concerned about the situation, and has maintained close liaison and intelligence exchange with the HKPF and the Mainland authorities for joint efforts in combating these illicit activities at source.

Since the commencement of the specialoperations in mid-February 2016, the border control departments and the exit and entry offices of relevant Mainland provinces have taken sustained enforcement action against illegal immigration activities in various Mainland provinces. The effectiveness of operations was remarkable. The number of NECIIs intercepted has been declining since mid-2016. In 2018, a total of 639 NECIIs (a monthly average of 53) were intercepted, a drop of 87 per cent compared with the peak of 1,241 NECIIs (a monthly average of 414) intercepted in the third quarter of 2015. In 2018, the department conducted nine joint operations with the HKPF and Mainland law enforcement agencies and successfully smashed a number of cross-boundary crime syndicates, resulting in the arrest of over 150 core members of smuggling syndicates and 440 involved persons.

The department noted that syndicates arranging entry of NECIIs into Hong Kong would change tactics from time to time, in routes to Hong Kong and in modes of operation. The department will continue to work closely with the local and Mainland law enforcement agencies, with vigorous actions against illegal immigration activities on land and at sea, as well as cracking down on syndicates.

Implementation of Pre-arrival Registration (PAR) for Indian Nationals

Quite a number of the claimants were Indian visitors who arrived in Hong Kong by making use of the visa-free concession and overstayed afterwards. Therefore, the department introduced PAR for Indian Nationals with effect from January 23, 2017, so as to prevent doubtful visitors with high immigration risk from coming to Hong Kong. Under the arrangement, Indian nationals must apply for and successfully complete PAR online before they can visit Hong Kong visa-free unless they belong to one of the exempted categories. Otherwise, they should apply for an entry visa to the ImmD directly if they intend to visit Hong Kong. PAR is valid for six months and allows multiple entries. Subject to meeting normal immigration requirements, a registrant may, during the validity of PAR, use the Notification Slip for Pre-arrival Registration for Indian Nationals printed on his or her own together with the registered and valid Indian passport to make multiple visits to Hong Kong for a stay of up to 14 days for each visit. As at the end of 2018, a total of 663,885 Indian nationals had successfully completed PAR. Since the implementation of PAR till end of 2018, the monthly average of Indian overstayers dropped by over 80 per cent while the monthly average of non-refoulement claims lodged by Indian nationals decreased by almost 80 per cent as compared with the figures in 2016.

Enforcement action against claimants taking up illegal employment in Hong Kong and their employers

As stipulated in section 38AA of the Immigration Ordinance, illegal immigrants or people who are the subject of a removal order or a deportation order are prohibited from taking any employment, whether paid or unpaid, or establishing or joining in any business. Offenders are liable upon conviction to a maximum fine of $50,000 and up to three years' imprisonment. Since the Ordinance came into effect until the end of 2018, 2,132 persons had been arrested on suspicion of breaching the Ordinance.

The department has kept stepping up enforcement against illegal workers who are non-refoulement claimants and their employers. Analysis indicates that illegal immigrants or non-refoulement claimants who take up unlawful employment usually participate in recycling industries, the catering sector and renovation sites in certain districts. Accordingly, the department has continued to step up targeted inspection and intelligence gathering against such venues as factories, restaurants, food processing industries, premises under renovation, recycling centres, container depots and warehouses in these districts and conduct raids where appropriate (including joint operations with other law enforcement agencies as necessary). In 2018, the department conducted 720 targeted operations against non-ethnic Chinese illegal workers. A total of 451 non-ethnic Chinese illegal workers and 242 local employers were arrested. At the same time, the department will continue to enhance publicity to remind employers that employing unemployable persons is a serious offence for which they are liable to immediate imprisonment.

Screening procedures

Since USM commenced operation in March 2014, the department has been assessing non-refoulement claims made on all applicable grounds, and a total of 6 699 claims were pending screening at the commencement of the USM. From March 2014 to the end of 2018, the department had received 16 584 claims and determined 16,032 claims, amongst which 127 claims were substantiated, while 6 705 claims were withdrawn. Overall as at the end of 2018, the total number of claims pending screening was 546, a substantial decrease of 91 per cent as compared to 5,899 claims pending screening as at the end of 2017. Amongst those claimants with pending claims, around 66 per cent originated from Bangladesh, Pakistan, the Philippines, Indonesia and India.

In 2018, a total of 1,216 non-refoulement claims were received, down by 34 per cent from 1,843 claims in 2017 and a significant reduction of about 80 per cent compared with the peak period. Meanwhile, the department has always strived to introduce various measures under the existing legal framework to enhance screening procedures and optimise the use of available resources, which include advanced scheduling of screening interview arrangements and smoothened flow of briefing sessions so as to expedite the claims processing. Currently, the average processing time has been reduced to about 10 weeks while the successful rate of screening interviews has been raised from 61 per cent in 2014, i.e. at the initial stage of the implementation of the USM, to 94 per cent in 2018.

In regard to the implementation of USM so far, through various measures to expedite the claims processing and as the HKSAR Government had accordingly increased the quota of Provision of Publicly Funded Legal Assistance for Non-refoulement Claimants, the department determined 5,467 claims in 2018, registering a 31 per cent increase as compared to 4,182 claims in 2017 and meeting the target of increasing the screening capacity to 5,000 determined cases per year. As the existing measures are taking effect, the department completed the screening of backlog claims in January 2019. With the clearance of the backlog, new claims received could be handled by the department readily. The department's focus will now gradually shift downstream by concentrating manpower and resources on work, first and foremost, to provide support in the handling of appeals, and to remove rejected claimants from Hong Kong promptly.

Given that most of the unsubstantiated claimants would lodge appeals against the decision of the department, the HKSAR Government has deployed more resources and appointed new members to the Torture Claims Appeal Board with a view to expediting the appeal process. The department will spare no effort to provide full support on the appeal proceedings concerned, through measures including re-allocation of manpower and resources, and optimising the workflow. Regarding the increasing number of judicial reviews in relation to non-refoulement claims, the HKSAR Government has maintained contact with the Judiciary on the situation of non-refoulement claim processing all along. The department will flexibly make arrangements according to the situation and provide appropriate support in response to the relevant civil litigations.

To better codify the screening procedures and prevent deliberate delay or abuses, the HKSAR Government is conducting a review of the legislative provisions under the Immigration Ordinance governing procedures on screening of claims and related matters by taking into account the current operational experience of the USM and the relevant overseas laws and practices. The HKSAR Government briefed the Legislative Council (LegCo) on progress of the review on July 10, 2018, and January 8, 2019, and plans to table a bill to the LegCo in the first half of 2019. The department will actively assist the work on amending the legislation.

Expedited removal of unsubstantiated claimants

The department is committed to removing all unsubstantiated non-refoulement claimants from the HKSAR as soon as possible in accordance with prevailing laws. The department has all along been in close liaison with governments of major source countries of claimants, airline companies and other government departments, to ensure unsubstantiated claimants are removed from Hong Kong as soon as possible. In 2018, 2,527 non-refoulement claimants have been removed, of which 1 859 were refused claimants, representing an increase of 38.7 per cent when compared with the figure in 2017.

The department has also been actively identifying various means to further enhance the removal efficiency, such as conducting large-scale removal operations by chartered flights. As a result, the efficiency in removal arrangements has been substantially improved. The department has chartered three flights to effect large-scale repatriation of a total of 171 Vietnamese illegal immigrants since the end of 2017. The chartered flights in December 2017 and February and December 2018 successfully repatriated 68, 20 and 83 Vietnamese illegal immigrants respectively. For those who are resistant to being repatriated voluntarily and even resist repatriation through violent acts, the department will liaise with relevant consulates and airlines for arrangement of forced repatriation, or for immigration staff to accompany removees on board the same flight if the situation warrants.

Since the removal process could be hindered by external factors including whether there are reasons in respect of the claimants obstructing the removal arrangement, availability of flights, or the time required to apply for travel documents to return to their countries of origin, the department will proactively communicate and co-ordinate with all different parties, and continue to devise strategic plans for related work. The department will continue to explore every viable means to effect repatriation in light of the actual circumstances.

Liaison with major source countries

In addition, the department is committed to establishing close liaison with major source countries of non-refoulement claimants. The department has introduced Hong Kong's stringent legislative provisions against illegal employment and human trafficking as well as the objectives of the implementation of the USM, explored co-operation with the local authorities on intelligence gathering and liaison on enforcement and discussed ways to expedite the removal process through conducting duty visits to Vietnam, Pakistan and Bangladesh in the past. The department will, depending on the need, send delegates to the relevant major source countries to express concern over human smuggling of their nationals and the situation of their lodging non-refoulement claims in Hong Kong, while strengthening liaison, exchange of intelligence and co-operation with the local law enforcement agencies in those countries. Moreover, closer liaison with local consulates concerned will also be maintained to further expedite the removal of unsubstantiated claimants.

Next Generation Smart Identity Card Replacement Exercise

The new smart HKICs and the Next Generation Smart Identity Card System (SMARTICS-2) were launched at the five Registration of Persons Offices on November 26, 2018. In addition, the territory-wide identity card replacement exercise was rolled out on December 27, 2018, and nine Smart Identity Card Replacement Centres (SIDCCs) have been newly established to replace identity cards for residents.

There are enhancements in security features and chip technology for personal data protection on the new smart HKICs. Made of higher quality materials, the new HKICs are more durable. From November 26, 2018, to January 31, 2019, the department issued a total of 100,754 new smart HKICs, of which 26,287 were issued under the replacement exercise.

SMARTICS-2 has introduced various new functions and facilities to provide faster and more convenient services for residents, including launching an updated version of the mobile application, which allows residents to make appointments for identity card registration or replacement, fill in an electronic form in advance and enquire about the queuing status. In addition, the newly established Self-service Tag Issuing Kiosks, Self-service Registration Kiosks and Self-service Collection Kiosks provide faster and more convenient services for residents.

Regarding the call-up programme, members of the Immigration Service, police officers and labour inspectors have begun replacing their identity cards in the first phase (from December 27, 2018, to March 30, 2019), allowing them to get familiar with the features of the new smart HKICs for fighting against illegal immigration and illegal employment. In addition, the Chief Executive, members of the Executive Council and the LegCo, and Principal Officials have an option to replace their identity cards in this phase so as to promote the new smart identity card.

For other smart identity card holders, the replacement of their identity cards in phases in accordance with their year of birth commenced on January 21, 2019. The first batch will be Hong Kong residents born in 1985 or 1986, who should have their HKICs replaced on or before March 30, 2019. From the beginning of the replacement exercise to January 31, 2019, the department had processed 92 796 applications, in which around 91 per cent of applicants had made an appointment and over 80 per cent of them had filled in the form in advance via the Internet or the mobile application, which had contributed to a faster and smoother replacement process and significantly increased the overall operation efficiency. The next batch will be Hong Kong residents born in 1968 or 1969, who should have their identity cards replaced from April 1, 2019, to June 1, 2019. The department will announce the call-up programme for other age groups in due course. Subject to the actual progress, the whole replacement exercise is expected to last for about four years.

The department has all along upheld its values of striving for excellence in serving the public. Compared with the last replacement exercise, the registration processing time at the SIDCCs in this replacement exercise has been reduced from 60 minutes to 30 minutes. The processing time for the issuance of a new smart HKIC has also been shortened from 10 to seven working days. In addition, the department has introduced facilitation measures in the replacement exercise, whereby residents who are called up for card replacement may bring along up to two family members or friends aged 65 or above to replace their smart identity cards in the same trip, so that these elderly persons need not go to an SIDCC separately by themselves when their respective age groups are called up for identity card replacement at a later stage. From January 21 to 31, 2019, 8,099 applicants had brought along one or two family members or friends aged 65 or above to replace their smart identity cards.

To conduct the replacement exercise more effectively, the department will continue to introduce the new smart HKIC and promulgate the details of the replacement exercise to residents living in or outside Hong Kong through various publicity channels.

HKSAR passport issuance and visa-free access

In 2018, the department issued 701,467 HKSAR passports. Belarus, Bolivia, Antigua and Barbuda and Myanmar agreed to grant visa-free access or visa-on-arrival to HKSAR passport holders. Hence, a total of 163 countries and territories now grant visa-free access or visa-on-arrival to holders of HKSAR passports. The department will continue to lobby for visa-free access for HKSAR passport holders to facilitate their travel to more countries and territories.

Addition of newly designed self-service kiosks

To further enhance the service efficiency in meeting the demand for HKSAR passports, nine newly designed self-service kiosks have been set up at the Immigration Headquarters and Immigration branch offices. The total number of self-service kiosks has increased from 19 to 28, which facilitates self-service submission of HKSAR passport applications.

Relocation of Yuen Long Office and expansion of Fo Tan Office

The Yuen Long Office (YLO) was relocated to 1/F, Yuen Long Government Offices, 2 Kiu Lok Square, Yuen Long, in February 2018 whereas the expansion project of the Fo Tan Office (FTO) was completed in January 2018. These two offices mainly provide public services related to application for and issuance of HKSAR travel documents, application for extension of stay in Hong Kong, and registration for and replacement of identity cards. The new YLO is conveniently located, and its floor area has substantially increased as compared to the original office, which allows members of the public to make their applications in a more spacious environment. Following its expansion, the FTO now has more service counters and its handling capacity has been enhanced to further improve its quality of services for members of the public.

Provision of HKSAR passport replacement service by the Immigration Divisions of Mainland Offices

To further assist Hong Kong residents in the Mainland, with effect from November 7, 2016, they could submit their HKSAR passport replacement applications and subsequently collect their new passports through the Immigration Divisions of the Beijing Office and the three Hong Kong Economic and Trade Offices in Shanghai, Chengdu and Guangdong. The service was extended to the Immigration Division of the Economic and Trade Office of the Government of the HKSAR in Wuhan with effect from November 27, 2017. In 2018, a total of 2,660 HKSAR passport replacement applications were handled through the five Immigration Divisions of Mainland Offices.

Assistance to Hong Kong residents in distress outside Hong Kong

The Assistance to Hong Kong Residents Unit (AHU) works closely with the Office of the Commissioner of the Ministry of Foreign Affairs of the People's Republic of China in the HKSAR (OCMFA), overseas Chinese Diplomatic and Consular Missions (CDCMs), consulates in Hong Kong, offices of the HKSAR Government outside Hong Kong and other government departments to provide practical assistance to Hong Kong residents in distress outside Hong Kong. Moreover, the AHU has set up a 24-hour hotline, 1868, to provide emergency assistance for Hong Kong residents in any country or territory. Meanwhile, the 24-hour hotline 12308 of the Ministry of Foreign Affairs will, according to the circumstances and needs of individual cases, refer the relevant assistance requests from Hong Kong residents to the AHU for follow-up.

In 2018, a total of 3,592 requests for assistance were handled by the AHU. Most requests were related to loss of travel documents, hospitalisation, accidents or death cases outside Hong Kong. In addition, the department has set up an emergency reinforcement team so that more staff can be deployed to answer hotline calls and public enquiries, or be sent to the places concerned to provide prompt assistance to Hong Kong residents in distress.

To enhance public awareness of outbound travel safety, the department stepped up promotional campaigns in 2018. The department and the OCMFA co-organised seminars on "Overseas Safety and Consular Protection" with a number of universities, secondary schools and uniformed groups so as to introduce the consular protection provided by China and the work of the AHU. During the seminars, participants were reminded of points to note before departure and got travel tips for their journeys abroad, including means to seek assistance and other relevant information. To further enhance public understanding of consular protection and public awareness of outbound travel safety, the department and the OCMFA jointly produced an animated video on consular protection, which is being broadcast through different channels, including the Security Bureau's website, the department's website and YouTube channel, and at relevant immigration offices and immigration control points. A launching ceremony of the animated video was jointly held by the department and the OCMFA. Representatives of the tourism and aviation industries were invited to attend. The ceremony was also publicised via the media to further enhance public awareness of outbound travel safety and public understanding of consular protection. In the past Christmas Eve, the department and the OCMFA distributed thematic souvenirs at the Hong Kong International Airport Control Point to directly disseminate the message of outbound travel safety and consular protection to residents who were about to depart Hong Kong.

Registration for Outbound Travel Information (ROTI)

Hong Kong residents can register their contact details and itineraries via the ROTI service before setting off on their trips. The information provided can help the AHU to contact and assist Hong Kong residents in the event of an emergency outside Hong Kong. ROTI registrants will receive updates on Outbound Travel Alerts and related public information via MyGovHK and, depending on the situation, via SMS on mobile phone as well. As at the end of 2018, a total of 75,454 Hong Kong residents had registered for the service.

Major incidents outside Hong Kong

In 2018, several major incidents involving Hong Kong residents occurred outside Hong Kong, including the earthquake in Hualien, Taiwan (February), a traffic accident in Adelaide, Australia (April), the natural disasters that occurred in Osaka and Hokkaido, Japan (September) and a traffic accident in Hokkaido, Japan (December). The AHU worked closely with the OCMFA, the relevant CDCMs, consulates in Hong Kong, offices of the HKSAR Government in the Mainland and other government departments to provide all practical assistance to the affected Hong Kong residents and their family members.

Recruitment of service staff

In the 2018-19 financial year, the department will recruit about 800 staff (including 200 Immigration Officers and 600 Immigration Assistants). In addition, the department will continue to recruit staff to meet the manpower needs for business development in the next financial year (2019-20). A new round of open recruitment of Immigration Officers will be launched in the first quarter of 2019 whereas the open recruitment of Immigration Assistants will continue all year round.

Immigration training programmes recognised under the Qualifications Framework

The department has been committed to providing flexible and diverse learning pathways to members of the Immigration Service with a view to enhancing the quality of the Immigration Service, promoting continuous learning culture and facilitating personal development of its members. In 2018, the department collaborated with the Open University of Hong Kong Li Ka Shing Institute of Professional and Continuing Education to offer three induction and in-service training programmes for the Immigration Assistant grade, which were recognised under the Qualifications Framework (QF). Upon completion of the induction training programmes under the QF, the newly recruited Immigration Assistants (IAs) will be awarded the Professional Diploma in Immigration Services and Control, which is at QF Level 4 (equivalent to the level of Associate Degree or Higher Diploma). In addition, Senior Immigration Assistants (SIAs) and Chief Immigration Assistants (CIAs) who have completed the relevant in-service training programmes will be awarded the Professional Certificate in Preparatory Management in Immigration Services and Control, which is at QF Level 4 (equivalent to the level of sub-degree), and the Professional Certificate in Frontline Management in Immigration Services and Control, which is at QF Level 5 (equivalent to the level of Bachelor Degree), respectively. As at the end of 2018, a total of 462 members of the Immigration Service, comprising 48 CIAs, 24 SIAs and 390 IAs, had completed the training programmes. The department will continue to apply for the inclusion of various training programmes in the Qualifications Register so that more members can acquire the relevant professional qualifications.

Awards

In the ever-changing technology landscape, the department must keep its services abreast of the times and spare no efforts in introducing user-friendly immigration measures and facilities to enhance the overall passenger clearance efficiency. Regarding the adoption of innovative technologies, the department in 2017 launched Smart Departure, a self-service departure system for visitors that employs facial recognition technology for identity verification. It won the 2018 Radiant Pioneer Award from the Asia Pacific Smart Card Association in recognition of its pioneering application of smart technology in public sector identity schemes for the provision of quality services to visitors. As at the end of 2018, over 6.2 million visitors had used the service.

The department has upheld its values of striving for excellence in serving the public. The efforts the ImmD made to provide quality service continued to be recognised by a number of awards granted to the department. In the 2018 Hong Kong International Airport Customer Service Excellence Programme organised by the Airport Authority Hong Kong, the department won the Best Customer Service of the Year in Corporate Excellence Award and the Outstanding Customer Service in Cross-company Excellence Award with the Airport Authority Hong Kong. In addition, the department was awarded the Best Customer Service Enhancement Award and the Hong Kong International Airport 20th Anniversary Best Company for Customer Service Innovation Award. Furthermore, the officer with the highest number of votes in the Most Courteous Immigration Control Officers programme organised annually by the department will be appointed by the Hong Kong Tourism Board as the Hong Kong Courtesy Ambassador for promoting the courtesy values of the department.

In 2018, two members of the department received the Ombudsman's Awards for Officers of Public Organisations, making this the 20th consecutive year in which ImmD officers were awarded. In addition, four members of the department were commended in the Secretary for the Civil Service's Commendation Award fortheir consistently outstanding performance. It was the 15th consecutive year that ImmD officers were commended. Furthermore, the department has been awarded the Caring Organisation Logo by the Hong Kong Council of Social Service in consecutive years since 2006 and has been awarded the 10 Years Plus Caring Organisation Logo since 2015-16 in recognition of its commitment to caring for the community, employees and the environment. The department will continue to strive with devotion and serve the public with excellence.

The Hong Kong Immigration Department YouTube Channel

The official YouTube Channel "Hong Kong Immigration Department" was launched in February 2016 to give the public access to information on the services and activities of the department anytime and anywhere. Video clips uploaded to the Channel are grouped under three categories, namely "Easy Access", which features the most commonly used services and their respective application requirements and procedures, and "About Us" and "Departmental Activities", which introduce the department's work andactivities respectively. In 2018, the department continued to produce and upload a number of short videos on the introduction of the territory-wide identity card replacement exercise, the features of the new smart HKIC and more. Since the launch of the Channel, more than 140 short videos have been uploaded with over 1.28 million views. The department will keep producing and uploading more videos and provide greater convenience for the public by making full use of different platforms.

Vision for 2019

New control points to be commissioned

To cater for the social and economic development needs of the Mainland and Hong Kong, following the commissioning of the West Kowloon Station of the Guangzhou-Shenzhen-Hong Kong Express Rail Link and the Hong Kong-Zhuhai-Macao Bridge Hong Kong Port in 2018, the Heung Yuen Wai Boundary Control Point is expected to be completed in 2019, which will further enhance the overall passenger handling capacity of boundary control points. The department will actively support the relevant development and continue to provide efficient immigration clearance services for the public.

Strengthening the caring measure of the territory-wide identity card replacement exercise

Under the territory-wide identity card replacement exercise launched on December 27, 2018, the public will be called up to have their HKICs replaced in phases. The department will announce the call-up programmes for different age groups in due course. In addition, from the second quarter of 2019 onwards, the department will roll out for the first time the "On-site Identity Card Replacement Service", an outreach service whereby elderly persons and persons with disabilities can have their HKICs replaced at their residential care homes (RCHs) throughout the territory in phases. In addition to replacing their HKICs at an SIDCC in the period specified for their age groups, residents of the relevant RCHs may choose to have their HKICs replaced on-site at the RCHs.

When preparing for the replacement exercise, the department consulted several non-governmental organisations for persons with disabilities to have a better understanding of their various needs. Having considered their views, the department increased the barrier-free and caring facilities at all replacement centres, including use of larger directional signage with higher colour contrast, electric height-adjustable registration desks and Braille application forms.

In addition, for assisting the elderly and visually impaired persons to use the services at SIDCCs, the department has installed an indoor navigation system at the Hong Kong Island SIDCC. Through Bluetooth or wireless network signals, the system will detect the location of the user at the SIDCC to provide a navigation service. This system will also be installed in other SIDCCs. This is the first time for the Government to introduce this service, which is easy and simple to use, and users only need to use their smart phones to download the mobile application concerned.

Launch of the Next Generation Electronic Passport System

The Next Generation Electronic Passport System is expected to be implemented in phases in the second quarter of 2019, together with the launch of the new version of the HKSAR electronic passport with a number of up-to-date security features to keep the forgery rate low, which is crucial to the department's ongoing efforts in maintaining the confidence of overseas authorities to grant HKSAR passport holders visa-free access to their countries or territories.

Development of the Next Generation Application and Investigation Easy Systems

The funding application for the Next Generation Application and Investigation Easy Systems, including the Visa Automation System; the Assistance to Hong Kong Residents, Births, Deaths and Marriage and Right of Abode Decision Support System; and the Enforcement Case Processing System, was approved by the LegCo's Finance Committee on May 4, 2018. The tendering exercise is under way and the project is planned to be implemented in phases starting from 2021.

Fostering co-operation and exchanges with countries along the Belt and Road

To foster co-operation and exchanges between Hong Kong and countries along the Belt and Road, the HKSAR Government has recently entered into agreements on mutual visa-free arrangements with the Government of Panama and the Government of Armenia. With effect from February 10, 2019, HKSAR passport holders may visit Panama visa-free for a stay of up to 30 days. Likewise, national passport holders of Panama will also enjoy 30 days' visa-free access to Hong Kong. Furthermore, with effect from March 3, 2019, HKSAR passport holders may visit Armenia visa-free for a stay of up to 180 days whereas national passport holders of Armenia will enjoy 30 days' visa-free access to Hong Kong. By then, there will be a total of 165 countries and territories granting visa-free access or visa-on-arrival to holders of HKSAR passports. The department will continue to review and consider relaxing the visa requirements for nationals of the Belt and Road countries so as to foster tourism and cultural and economic exchanges.

Continual efforts in the comprehensive review of the strategy for handling non-refoulement claims

The comprehensive review of the strategy for handling non-refoulement claims has achieved initial results and the momentum will continue. With the clearance of the claims backlog, the department will continue the expeditious processing of new non-refoulement claims through procedures that meet high standards of fairness. Planning ahead, the department will now shift the focus of work downstream. Aiming to achieve synergy and higher efficacy, the department will dedicate full support to the appeal proceedings and expedite the removal process through flexible redeployment. The ImmD will ensure timely initiation of removal formalities and maintain effective communication with different parties (including claimants' major source countries) to that effect. The department will also make sustained efforts to combat the smuggling of NECIIs to Hong Kong, implement other pre-arrival control measures, and step up enforcement against unlawful employment to minimise incentives for claimants. The department's full support for the comprehensive review including the bill to amend the Immigration Ordinance will continue.

Construction of the new Immigration Headquarters

The department plans to submit the funding application for the construction of the new Immigration Headquarters in Tseung Kwan O to the LegCo's Public Works Subcommittee and Finance Committee in 2019. Apart from the existing Headquarters, some offices and facilities currently located in various districts and leased premises due to shortage of space will also be integrated into the proposed Headquarters with a view to increasing the department's command and operational efficiency, facilitating collaboration and communication and enhancing effectiveness in law enforcement. To provide more convenient and efficient services for the public, the department also plans to introduce smart elements into the new Headquarters, such as the provision of self-service stations with diversified services so that the public can submit applications and collect documents or visas without queuing for services over the counters. Subject to funding approval, the construction works are expected to commence in 2019.

Tuen Mun Regional Office

In order to enhance service quality and meet public demand for its services, the ImmD will set up the Tuen Mun Regional Office at the Government Complex in Siu Lun, Tuen Mun, in the third quarter of 2019. The Tuen Mun Regional Office will provide one-stop services for the public, including registration of persons, travel document applications, extension of stay applications, and births and marriage registration. It will also provide self-service facilities so that the public can enjoy more diversified electronic services.

The existing Tuen Mun District Births Registry and Tuen Mun Marriage Registry will be relocated to the new Tuen Mun Regional Office with a view to providing faster and more convenient services in a cost-effective way. The marriage hall and the public waiting area of the new office will be more spacious as compared to those in the original site. A photo-taking corner will also be set up to enhance the service quality.

附錄四：入境事務處的工作（簽發身份證）

香港身份證

凡年滿11歲或以上的香港居民（除獲豁免或無須登記的人士外），須登記及領取身份證。

香港身份證是以智能卡形式簽發，每張智能身份證都置有集成電路，或稱「晶片」，可儲存及處理資料。

智能身份證分為兩類：

第一類：香港永久性居民身份證：説明持有人享有香港特別行政區居留權

香港特別行政區居留權的相關資料

第二類：香港居民身份證：並無説明持有人享有這種權利

外形特點

智能身份證的外形和一般的信用卡大小相同，是以聚碳酸不碎膠製成。

這是一種十分耐用可靠的物料，它對物理、化學和溫度等變化及環境的影響的抵禦力十分強。每張智能身份證都置有集成電路，或稱「晶片」，可儲存及處理資料。

此外，為照顧視障人士的需要，智能身份證的背面可以凸字印上身份證號碼的六個數字（英文字及括號內數字除外），以便視障人士識別其身份證。

除了印有上述的凸字身份證號碼外，凸字智能身份證與一般智能身份證無異。

卡面設計

智能身份證正面和背面（包括為視障人士而設的凸字智能身份證）樣式如下：

智能身份證正面所載資料如下：

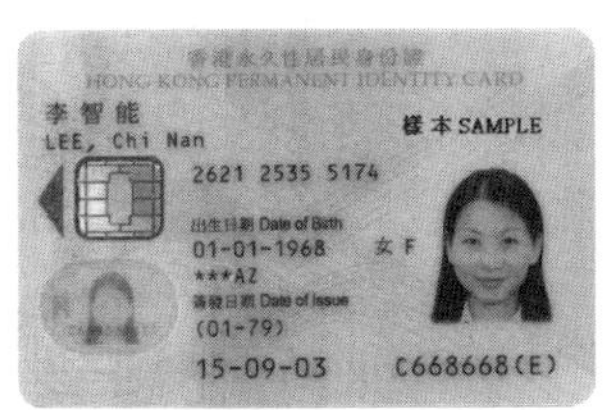

智能身份證正面

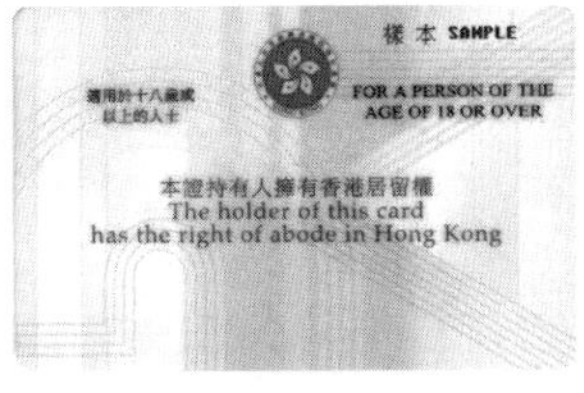

智能身份證背面

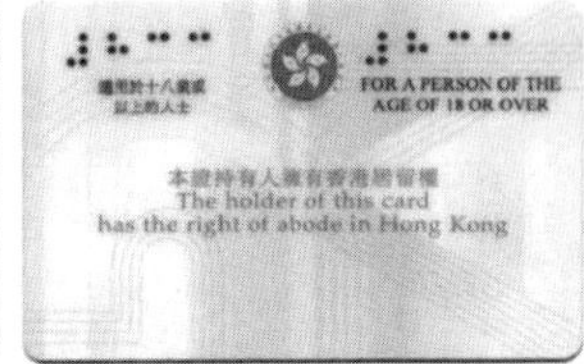

凸字智能身份證背面

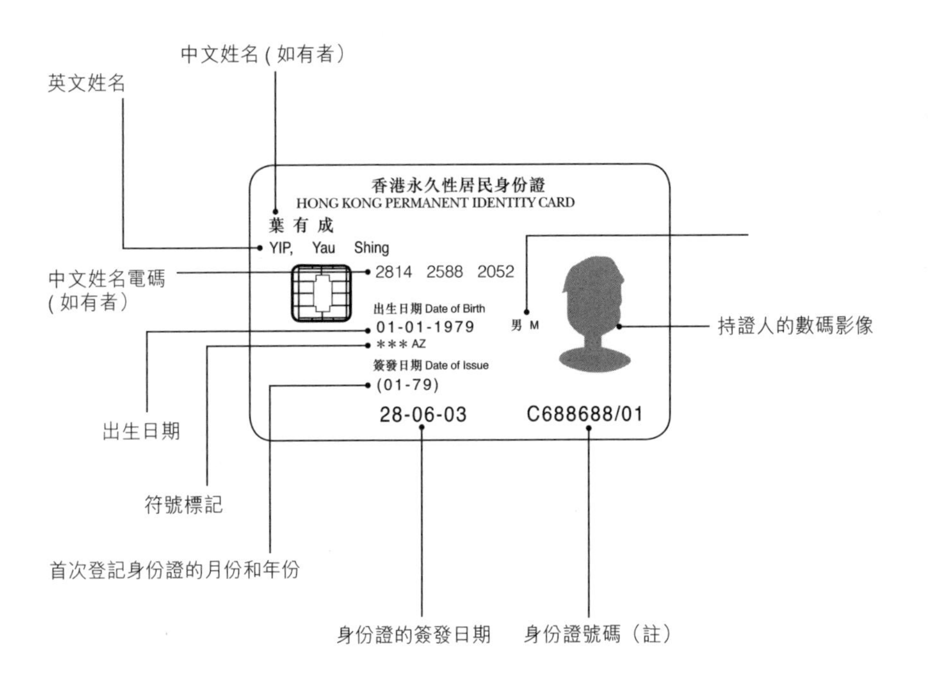

符號	說明
***	持證人年齡為 18 歲或以上及有資格申領香港特別行政區回港證
*	持證人年齡為 11 歲至 17 歲及有資格申領香港特別行政區回港證
A	持證人擁有香港居留權
C	持證人登記領證時在香港的居留受到入境事務處處長的限制
R	持證人擁有香港入境權
U	持證人登記領證時在香港的居留不受入境事務處處長的限制
Z	持證人報稱在香港出生
X	持證人報稱在內地出生
W	持證人報稱在澳門出生
O	持證人報稱在其他國家或地區出生
B	持證人所報稱的出生日期或地點自首次登記以後，曾作出更改
N	持證人所報稱的姓名自首次登記以後，曾作出更改

註：括號內的數字或字母並非身份證號碼的一部分，純為方便電腦處理資料而設。

晶片

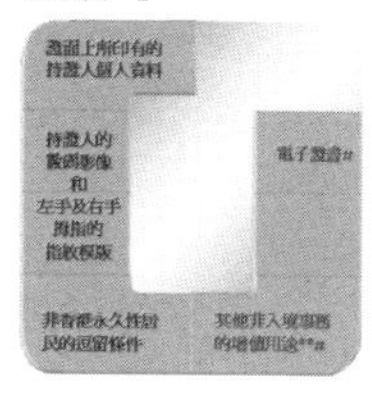

智能身份證中的晶片，讓身份證經指定的電子工具作記錄、儲存、處理、傳送及接收資料。晶片設完全分隔開的儲存區，將入境事務功能和非入境事務的增值用途獨立存放。

註：#持證人可以選擇是否在智能身份證上加入非入境事務增值用途。

**已預留空間作非入境事務的增值用途。

香港智能身份證所具備的先進防偽特徵

為防止有人製造偽證，智能身份證採用了一系列精密的防偽特徵，包括：

1. 晶片旁以光學變色油墨印製了一個三角形，從不同角度觀察會看見其顏色由金變綠，或由綠變金
2. 卡的左下角設多重激光影像，從不同傾斜角度觀察，會交替看見持證人的相片或身份證號碼
3. 在多重激光影像左邊，若從不同角度觀察，可看見紅色字母「H」或黑色字母「K」交替出現

使用智能身份證

使用智能身份證的優點包括：

1. 高度安全可靠—資料被刻蝕在身份證的不同層面上及儲存於晶片內，可防止已遺失或被盜去的身份證被其他人竄改或使用。
2. 智能身份證可用作非入境事務用途，如作為電子證書、公共圖書館圖書證等

出入境更方便

有了儲存在智能身份證晶片內的拇指指紋模版，持證人可使用旅客自助出入境檢查系統以及車輛（司機）自助出入境檢查系統的「e-道」，出入境過關更為方便。

附錄五：推出新智能身份證及實施全港市民換領身份證計劃

入境事務處（入境處）在2018年11月開始簽發新智能身份證。

入境處發言人10月18日表示：「由2018年11月26日（星期一）起，在任何一間人事登記辦事處申領身份證的人士，均會獲發新式樣的香港智能身份證。」

上述申領身份證人士包括：年滿11歲須申領兒童身份證的人士；年滿18歲須申領成人身份證的人士；新來港人士；身份證已遺失、毀滅、損壞或污損而須補領的人士；以及擬更改身份證上資料的人士。

發言人又宣布，全港市民換領身份證計劃（全民換證計劃）於2018年12月27日（星期四）展開。屆時，持有現時智能身份證的人士會獲邀在指定限期內，按其出生年份分批前往新設立的智能身份證換領中心（換證中心）換證。根據全民換證計劃所簽發的身份證，無須收取任何費用。

發言人續稱：「9間換證中心皆地點適中（附件），交通方便。各換證中心的服務時間將為星期一至六上午8時至晚上10時（星期日及公眾假期除外）。」

整項全民換證計劃預計需時約4年完成。保安局局長將發出命令，宣布首輪換證工作的詳情。待立法會完成慣常的「先訂立後審議」的程序後，入境處會實施下列安排：

符合申請資格人士	申請限期
入境事務隊成員、警務人員和勞工督察	2018 年 12 月 27 日至 2019 年 3 月 30 日
於 1985 年或 1986 年出生的現有身份證持有人	2019 年 1 月 21 日至 3 月 30 日
於 1968 年或 1969 年出生的現有身份證持有人	2019 年 4 月 1 日至 6 月 1 日

發言人解釋，首個換證階段會先安排入境事務隊成員、警務人員和勞工督察更換新式樣的智能身份證，是要讓他們先行熟悉新身份證的特點，以便他們打擊與非法入境及僱用非法勞工的相關罪行。此外，該命令亦讓行政長官、行政會議成員、立法會議員和主要官員，可選擇在同一階段換領新身份證，讓他們推廣新智能身份證。以上安排與上次換證計劃相同。

鑑於香港的人口變化，為了方便公眾，尤其是有需要的社群，入境處會在全民換證計劃中加入下列新措施：

(1)身份證持有人在其所屬年齡組別獲邀更換智能身份證時，可攜同其兩名65歲或以上（1954年或以前出生）的親友一同前往換證，讓這些長者其後無須在所屬年齡組別時段自行前往換證中心換證。

(2)入境處將首次以外展形式為居住於訂明的住宿院舍的長者及殘疾人士提供到訪院舍換證服務，讓他們除了可在其所屬年齡組別時段前往換證中心換證外，還可選擇在住宿院舍換證。2019年第二季起，入境處將陸續到訪全港各相關住宿院舍以提供換證服務。

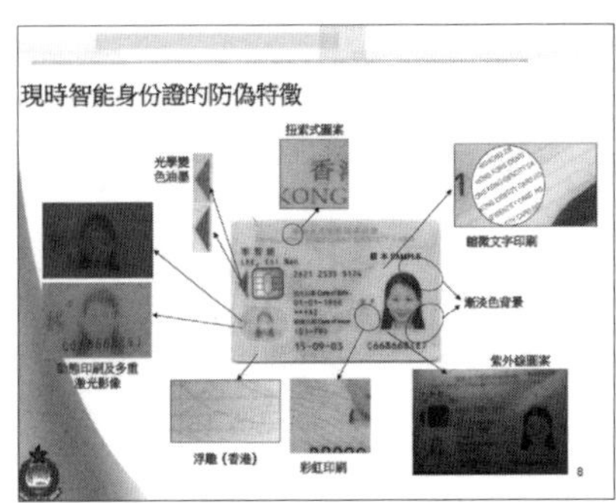

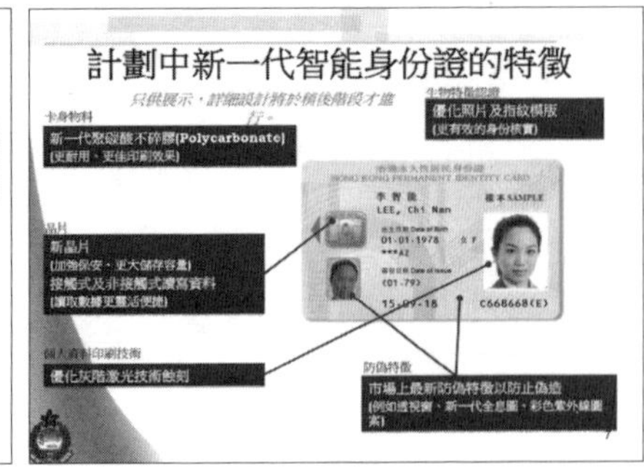

入境處會善用科技，以便利市民和提高效率。由2018年10月29九日起，公眾可在前往人事登記辦事處或換證中心前，於互聯網預約換證及預先填妥表格，以節省排隊時間及享用更快捷的登記服務。而入境處流動應用程式亦會於11月26日起提供相關服務。此外，入境處會於換證中心設置自助登記服務站和自助領證服務站，為公眾提供更便捷的安排。

本處在推行全民換證計劃前，會透過不同渠道作出宣傳，向市民闡述新智能身份證及換證詳情。

現時身處外地的香港居民無須只為了換領新身份證而趕返香港。他們若未能在限期內換領身份證，可在返港後30天內補辦換證手續。此外，對於身處香港但無法親自換領身份證的老年人、失明人或體弱的人士，本處會向他們簽發《豁免登記證明書》的安排將維持不變。

如有查詢，請致電查詢熱線28246111、傳真至28777711或電郵至enquiry@immd.gov.hk。

智能身份證換領中心

名稱	地址
1. 港島智能身份證換領中心	灣仔港灣道 6-8 號瑞安中心 2 樓 200 號室
2. 東九龍智能身份證換領中心	觀塘偉業街 223-231 號宏利金融中心 2 樓 1 號室及宏利金融中心 A 座 3 樓 1B 號室
3. 西九龍智能身份證換領中心	旺角登打士街 56 號家樂坊 12 樓
4. 荃灣智能身份證換領中心	荃灣德士古道 50 號荃薈 2 樓 S201 號鋪
5. 沙田智能身份證換領中心	沙田安群街 3 號京瑞廣場 1 期地下 G26 號鋪及 1 樓 123 號鋪
6. 上水智能身份證換領中心	上水龍琛路 48 號上水匯 7 樓
7. 屯門智能身份證換領中心	屯門田景路 31 號良景邨良景廣場 L4 樓 L414B 號鋪
8. 元朗智能身份證換領中心	元朗西菁街 23 號富達廣場地下 50 號鋪
9. 將軍澳智能身份證換領中心	西貢將軍澳唐賢街 23 號帝景灣地下 20-26 號鋪

附錄六：入境處推出流動應用程式

入境處於2013年推出入境處流動應用程式，讓市民及訪港旅客可隨時閱覽有關入境處各陸路邊境管制站估計旅客輪候過關狀況，及其他有關入境處的資訊。

有關估計旅客輪候過關狀況的資料約每隔15分鐘更新一次，方便市民及訪港旅客選擇人流較少的陸路管制站或過關時段過關，減少輪候時間。

市民及訪港旅客可以透過應用程式，隨時隨地查閱各陸路邊境管制站的估計旅客輪候過關狀況，以便計劃行程及減省排隊時間。

流動應用程式亦同時為市民及訪港旅客提供入境處的其他資訊，包括入境處各辦事處及管制站的地址及辦公時間、特區護照免簽證國家一覽表、訪港旅客申請香港特別行政區簽證或進入許可的規定、協助在外香港居民的二十四小時熱線資料，以及中國駐外使、領館及代表處名單等資訊。

流動應用程式

香港入境事務處流動應用程式載有下列各項功能：

1. 預約服務
2. 申請服務
3. 填寫申請身份證表格
4. 陸路邊境管制站等候時間
5. 我的籌號
6. 查詢申請狀況
7. 遞交文件
8. 其他服務
9. 服務動資訊 YouTube

於2014年，入境處流動應用程式獲香港無線科技商會評選為「最佳流動應用程式（流動資訊）」得獎作品

附錄七：香港入境事務處 - YouTube頻道

入境處於2016年推出入境處YouTube頻道，方便公眾隨時隨地閱覽入境處的服務及活動資訊。頻道內的短片分3類：服務動資訊、關於我們及部門活動花絮。

「服務動資訊」主要介紹多項市民最常用的入境事務處服務；相關申請要求及程序。其中包括新智能身份證換領計劃及跨部門反恐演習「擎天」行動。

至於「關於我們」和「部門活動花絮」，則上載了一些介紹入境事務處工作及活動的短片，為市民提供多一個了解入境事務處工作的平台。

附錄八：入境事務處出入礬管制站禮貌選舉

高級入境事務助理員吳國彰獲選為香港「最有禮貌入境管制人員」，頒獎典禮2019年4月24日在入境事務處總部舉行。

入境事務處處長曾國衞表示部門自1996年開始，每年都舉辦「最有禮貌入境管制人員選舉」，目的是鼓勵前線人員在執行有效的出入境管制同時，亦要以熱誠有禮的態度對待市民及旅客，提供更優質的服務。

曾國衞說：「前線同事竭力為香港把關，專業地為每一名出入境旅客提供安全、快捷、貼心的通關服務。在2018年，入境處的服務更獲得多項殊榮，包括由機場管理局頒發的『企業團隊卓越獎——年度最佳顧客服務』以及由國際專業航空運輸研究機構Skytrax所頒發的『全球最佳機場出入境服務大獎』。由此可見我們同事的專業服務得到社會及世界各地旅客的認同和讚賞。」他更鼓勵前線人員繼續發揚部門精益求精的專業精神，努力為市民和旅客服務。

香港旅遊發展局（旅發局）副總幹事葉貞德在頒獎典禮頒發獎狀和紀念品予總冠軍吳國彰，並委任吳國彰為「香港禮貌大使」。曾國衞感謝旅發局的支持，令「最有禮貌入境管制人員選舉」能順利舉行。

香港旅遊發展局副總幹事葉貞德（左）和入境事務處處長曾國衞（右）今日（四月二十四日）頒發獎狀和紀念品予「最有禮貌入境管制人員」吳國彰。

附錄九：優秀人才入境計劃

計劃宗旨

計劃是一項設配額的移民吸納計劃，旨在吸引高技術人才或優才來港定居，以提升香港的競爭力。獲批准的申請人無須在來港定居前先獲得本地僱主聘任。

適用人士

本計劃不適用於：阿富汗、古巴、老撾、朝鮮、尼泊爾及越南的國民

甄選機制

第一階段：基本資格

根據本計劃提出申請的人士，必須首先符合一套「基本資格」的要求，然後才能根據計劃所設的兩套計分制度的其中一套獲取分數。

第二階段：計分制度

符合基本資格所有要求的申請人，可選擇以「綜合計分制」或「成就計分制」的方式接受評核。「綜合計分制」下設五個得分範疇，而「成就計分制」則設有一個得分範疇。

「綜合計分制」設最低及格分數，選擇以「綜合計分制」獲取分數的申請人應先評估其個人資歷是否已達到最低及格分數，才提交申請。

第三階段：甄選程序

甄選程序會定期進行，為申請人分配名額。在每次甄選程序中，同時符合基本資格，並在綜合計分制下累計得分達到 最低及格分數 的申請，及符合基

本資格並在成就計分制下獲得分數的申請，依總得分排列名次後，得分較高的申請將獲提選作進一步評核。

入境事務處處長（下簡稱「入境處處長」）可就如何根據本計劃評核、評分及分配名額徵詢「輸入優秀人才及專才諮詢委員會」（下簡稱「諮詢委員會」）的意見。

該諮詢委員會由香港特區政府行政長官委任的官方及非官方成員組成。諮詢委員會將考慮香港的社會經濟需要、各申請人所屬界別及其他相關因素，向入境處處長建議如何分配每次甄選程序中可分配的名額。

達到最低及格分數或得分較高的申請人不一定獲分配名額。每次甄選結果會在入境處網頁公布。由於甄選程序需時，除非入境處向有關申請人發出申請被拒絕的通知，否則申請人可視其申請為正在辦理中。

第四階段：原則上批准

在甄選程序中獲分配名額的申請人將獲發一封「原則上批准通知書」，在接獲該函件後，有關申請人須親身前來香港出席會面，並出示其在申請期間遞交的所有文件的正本，以便入境處查證。申請人可以訪客身份來港出席上述會面。

獲發「原則上批准通知書」，並不自動保證申請人最終可循本計劃獲准入境香港或逗留香港 。

第五階段：獲簽發簽證/ 進入許可

在入境處滿意查證所有文件而且各相關申請程序均告完成後，獲批准的申請人可根據本計劃獲發逗留香港的簽證/ 進入許可。

基本資格

申請人必須符合下列所有基本資格：

年齡：提交申請時，年齡須在18歲或以上。

財政要求：須證明能獨力負擔其本人及受養人（如有）居港期間的生活和住宿，不需依賴公共援助。

良好品格：不得有任何在香港或其他地方的刑事記錄或不良入境記錄。

語文能力：須具良好中、英文書寫及口語能力（中文口語指普通話或粵語）。

基本學歷：須具備良好學歷，一般要求為具備由認可大學或高等教育院校頒授的大學學位。在特殊情況下，能附以證明文件的良好技術資歷、可證明的專業能力及/ 或經驗及成就亦可獲考慮。

申請人如未能提供令人信納的證明文件，證明符合上述所有基本資格，其申請將會即時被拒絕，不獲繼續處理。

重要事項

入境處處長有絕對酌情權，根據本計劃的兩套計分制度就其認為適當的情況給申請人授予分數，以及批准或否決任何申請而無須給予理由。本計劃或其有關詳情，亦可以在入境處處長認為適當時作出更改而無須作事先通知。

受養人的入境

本計劃的申請人，可按香港現行受養人政策，申請攜同其配偶及18歲以下未婚及受養的子女來香港，而根據本計劃獲核准人士或正在申請核准之人士，將成為其隨同來港的受養人的保證人。獲本計劃核准人士的受養人的逗留期限一般會與其保證人的逗留期限掛鉤。

本計劃的申請人宜將其隨行家庭成員的受養人簽證/ 進入許可申請與其本人的申請一併遞交。

如申請人根據「 綜合計分制 」獲取分數的得分範疇包括隨行已婚配偶的學歷或隨行18歲以下未婚及受養的子女的人數，則申請人必須為該等隨行家庭成員提交受養人簽證/ 進入許可申請並將申請與其本人的一併遞交。受養人簽證/ 進入許可的申請人必須填寫申請表格 ID997 。

計分制度

符合「 基本資格 」所有條件的申請人，可選擇以「 綜合計分制 」或「 成就計分制 」接受進一步評核。每名申請人只能在同一時間提交一份申請，並只能在同一次申請中選擇以一種計分制進行評核。

綜合計分制

	得分範疇	分數
1	**年齡（最高 30 分）**	
	18 至 39 歲	30
	40 至 44 歲	20
	45 至 50 歲	15
	51 或以上	0
2	**學歷／專業資格（最高 70 分）**	
	博士學位 /2 個或以上碩士學位	40
	碩士學位 /2 個或以上學士學位	20
	學士學位／由國家或國際認可或著名的專業團體頒授，以證實持有人具有極高水平的專門知識或專業技能的專業資格	10
	如學士或以上程度的學位是由國際認可的著名院校頒授，可額外獲得分數	30
3	**工作經驗（最高 55 分）**	
	不少於 10 年相當於學位程度或專家水平的工作經驗，當中最少 5 年擔任高級職位	40
	不少於 5 年相當於學位程度或專家水平的工作經驗，當中最少 2 年擔任高級職位	30
	不少於 5 年相當於學位程度或專家水平的工作經驗	15
	不少於 2 年相當於學位程度或專家水平的工作經驗	5
	如擁有不少於 2 年相當於學位程度或專家水平的國際工作經驗，可額外獲取分數	15
4	**語文能力（最高 20 分）**	
	良好中文及英文的書寫及口語能力（中文口語指普通話或粵語）	20
	除了具備良好中文 或 英文的書寫及口語能力外（中文口語指普通話或粵語），也能流利應用不少於一種外國語言（包括書寫及口語能力）	15
	良好中文或英文的書寫及口語能力（中文口語指普通話或粵語）	10
5	**家庭背景（最高 20 分）**	
	至少一名直系家庭成員（已婚配偶、父母、兄弟姊妹、子女）是現居於香港的香港永久性居民	5
	隨行已婚配偶的學歷相當於大學學位或以上的水平	5
	每名隨行的 18 歲以下未婚及受養的子女得 5 分（最高可得 10 分）	5/10
		最高 225 分

【註】

持有由國際認可的著名院校頒授的學士或以上程度學位的申請人，如要獲取該額外分數，有關院校須為由 QS 、 上海交通大學 、 泰晤士高等教育 及 美國新聞與世界報導發表的四個全球大學排名表之一的前100所大學/ 院校，或 美國新聞與世界報導的全國文科大學排行榜 的前30所學院。入境事務處亦可能就未有列入上述排名表的特定行業著名院校所頒授的資格，諮詢相關專家或專業團體的意見。

如要以擁有不少於兩年的國際工作經驗獲取額外分數，有關國際工作經驗須為申請人在原居國家/ 地區以外取得的相當於學位程度或專家水平的工作經驗。

最新適用的最低及格分數

最新適用的最低及格分數是80分（「綜合計分制」設最低及格分數，有興趣申請的人士，應先評估其個人資歷是否已達到最低及格分數，才提交申請。），而最低及格分數可能會不時更改而不作事先通知。

成就計分制

本計劃亦為具備超凡才能或技術，並擁有傑出成就的個別人士，提供另一套申請來港的計分制度。這類別的申請人可選擇以「成就計分制」接受評核。

此計分制的要求極高。申請人如被視作符合下段所述此計分制所列的其中一項要求，可獲取225分，不符合者則不會獲得分數，而不能取得分數的申請人，其申請會即時被拒絕。

如符合下述要求，可依此計分制獲取分數：

1. 申請人曾獲得傑出成就獎（例如奧運獎牌、諾貝爾獎、國家/國際獎項）；或

2. 申請人可以證明其工作得到同業肯定，或對其界別的發展有重大貢獻（例如獲業內頒發終生成就獎）。

附錄十：入境處試驗推行「輸入中國籍香港永久性居民第二代計劃」和實施人才入境安排的優化措施

入境事務處（入境處）由2015年5月4日起試行「輸入中國籍香港永久性居民第二代計劃」，以及實施其他人才、專業人士和企業家入境安排的優化措施。

入境處發言人説：「由於本港人口老化及勞動力下降，我們須確保各項輸入計劃可以吸引及挽留來自香港以外地方的人才、專業人士及企業家，以支持香港的經濟發展。」

「輸入中國籍香港永久性居民第二代計劃」旨在吸引已移居海外的中國籍香港永久性居民的第二代回港。計劃不設配額，而申請人亦無須在來港前已獲得聘用。

入境處發言人補充：「我們歡迎來自世界各地具備寶貴技能、知識或經驗的人士來港工作和生活。除了推行試驗計劃外，我們亦會優化現行的人才入境計劃，以提升香港在這方面的吸引力。當中包括放寬根據『一般就業政策』、『輸入內地人才計劃』及『優秀人才入境計劃』來港人士的逗留安排；調整『優秀人才入境計劃』下的計分制度，以吸引具備出色教育背景或國際工作經驗的人才來港，以及清楚列明投資類別企業家（包括初創業務企業家）的入境安排。我們亦會透過特區政府駐外辦事處加強宣傳各項入境計劃及安排。」

申請資格

已移居海外的中國籍香港永久性居民的第二代，可透過本計劃於海外申請回港工作。除一般入境規定外，根據本計劃申請來港的申請人必須符合下列資格：

a. 在提出申請時年齡介乎18至40歲；

b. 在海外出生（即在中國內地、香港特區、澳門特區及台灣以外地方）；

c. 其父或母至少一方在申請人提出申請時持有有效的香港永久性居民身份證，

及在申請人出生時是已定居海外的中國籍人士（註2）；

d. 具有良好教育背景，通常指持有學士學位，但在特殊情況下，具備良好的技術資格、經證明的專業能力及/ 或備有文件證明的有關經驗和成就，亦可予接受（註3）；

e. 具備良好中文或英文的書寫及口語能力（中文口語指普通話或粵語）；以及

f. 具充足經濟能力，可應付其（倘有受養人，亦包括在內）日常生活和住宿開支所需，而無須依靠公帑。

註2：「中國籍人士」指依據《中華人民共和國香港特別行政區基本法》第十八條及附件三在香港特區實施並按照1996年5月15日第八屆全國人民代表大會常務委員會第十九次會議通過的《關於〈中華人民共和國國籍法〉在香港特別行政區實施的幾個問題的解釋》詮釋的《中華人民共和國國籍法》所指具有中國國籍的人。

註3：所有申報的非本地學術資格，須符合香港認可的學士、碩士或博士學位的標準。必要時，入境事務處可要求申請人向香港學術及職業資歷評審局申請為其申報的海外學術資格進行評核，評核費用由申請人支付。

受養人的入境安排

根據計劃申請來港或已獲准來港的申請人，可按香港特區現行的受養人來港居留政策，以保證人身份申請攜同其配偶及18歲以下未婚的受養子女來港。

以受養人身份來港居留的申請，如符合一般的入境規定和下列條件，可獲考慮批准：

a. 受養人與保證人能提供合理的關係證明；

b. 受養人沒有任何已知的不良記錄；以及

c. 保證人有能力為受養人提供在港遠高於基本水平的生活和合適的居所。

這項受養人的入境安排並不適用於：

a. 以單程通行證計劃以外途徑取得澳門居留身份並現居澳門的前內地中國居民；以及

b. 阿富汗及朝鮮的國民。

上述受養人的逗留期限一般會與其保證人的逗留期限掛鈎。在港逗留期間，他們只受逗留期限而不受其他逗留條件限制並且可以在港就業或就讀而不會受到限制。他們其後可申請延期逗留，而有關的申請只會在受養人仍然符合上文第12段所列的申請資格，及保證人仍為真正居港的香港居民的情況下才會獲得考慮。有關受養人的入境與延期逗留安排，請參閱受養人來港居留入境指南[ID(C)998]。

附錄十一：工作假期計劃
（前往其他國家參與工作假期計劃）

簡介

為提供本港青年人親身在外地生活及工作經驗的機會和擴闊其視野，香港特別行政區政府與下列地方的政府，分別簽訂「工作假期計劃」的雙邊安排協議。

這些地方包括：新西蘭、澳洲、愛爾蘭、德國、日本、加拿大、韓國、法國、英國、奧地利、匈牙利、瑞典、荷蘭。

此計劃除了可增強香港與夥伴經濟體系的文化和學術方面的交流，亦可提昇雙邊合作以及推動雙方的旅遊業與發展。

在「工作假期計劃」下，參加者可在東道經濟體系逗留一段長時間。參加者並可在逗留期間從事短期工作，從而了解當地的文化及社會發展。「工作假期計劃」旨在讓青年人透過在外地旅遊和工作，以獲取寶貴的人生經驗，從而加強其自信心、適應能力以及人際溝通技巧。成功申請的人士，可獲東道經濟體系簽發一張工作假期簽證或相關文件，當中包括可換取工作許可證的介紹信，以合法地在當地旅遊和從事短期工作。成功申請的人士，可於批准的逗留期間從事符合當地法規的短期工作及/ 或修讀短期課程（愛爾蘭除外）。按照雙方協定，每個經濟體系每年或會提供一定的名額，供合資格人士申請。

申請資格

申請人必須符合以下資格：

- 年齡介乎18至30歲，及不攜同任何受養人；
- 必須通常居住於香港，並持有有效之香港特別行政區（香港特區）或英國國民（海外）護照；
- 出訪主要目的為旅遊；
- 必須持有離境交通票，或足夠資金以購買有關交通票；及
- 能出示經濟證明，顯示有足夠能力負擔在當地逗留初期的費用。

  有關個別工作假期計劃的詳細申請資格，請參閱該計劃的相關網頁及相關政府及領事館的更新。

參加者須注意，個別工作假期計劃的申請資格、條款及細則或會被相關政府會適時檢討及更改，而不作事先通知。

經濟證明

不同的經濟體系會要求不同金額的經濟証明，如銀行存摺之類。

截至2019年4月，各經濟體系要求經濟証明金額如下，而此金額只供參考，實際所需經濟証明金額以向有關領事館查詢為準：

新西蘭	不少於港幣 $14,000	澳洲	不少於港幣 $20,000
加拿大	不少於港幣 $15,000	德國	不少於港幣 $20,000
日本	不少於港幣 $20,000	奥地利	不少於港幣 $20,000
韓國	不少於港幣 $20,000	英國	不少於港幣 $22,000
愛爾蘭	不少於港幣 $20,000	法國	不少於港幣 $25,000
荷蘭	不少於港幣 $20,000	匈牙利	不少於港幣 $25,000
瑞典	不少於港幣 $20,000		

保險

儘管個別「工作假期計劃」沒有要求參加者就其在當地逗留期間購買保險，但當局十分鼓勵參加者在出發前購買適當的醫療(包括治療後運送)、住院及責任保險，以分擔在當地可能須要支付的有關費用，特別是『澳洲工作假期計劃』的參加者。

至於新西蘭、愛爾蘭、德國、日本、加拿大、韓國、法國、英國和奧地利等地的「工作假期計劃」，均要求參加者就他們在當地逗留期間購買保險。

申請「工作假期計劃」

申請人可直接向有關領事館索取報名表格及查詢「工作假期計劃」詳情。同樣地，該13個地方的年青人亦可以透過參加該計劃來港。他們可以向有關的中國大使館或總領事館，以及入境處遞交申請，透過工作假期計劃來港。

名額限制

截至2019年入境處資料，各國每年的「工作假期計劃」配額如下：

荷蘭	100 個
奧地利	100 個
愛爾蘭	200 個
匈牙利	200 個
加拿大	200 個
德國	300 個
新西蘭	400 個
瑞典	500 個
法國	750 個
韓國	1000 個
日本	1500 個
英國	1000 個
澳洲	5000 個

除與日本的「工作假期計劃」和英國的「青年流動計劃」外，所有符合資格的申請，是會以先到先得形式批核。

英國和奧地利的參加者可在當地分別逗留不超過24個月和6個月的期間。

而持有其他經濟體系的工作假期簽証或相關文件的人士，可於當地逗留最長12個月。

基本上每人只能參與同一經濟體系的工作假期計劃一次。

找尋工作機會

申請人可於查閱當地網頁的職位空缺。

當地會有不少季節性的工作機會，如農場、果園等，適合「工作假期計劃」的參加者。

遇上財物失竊或緊急事故

若在外地遺失金錢、護照或其他物品，甚至遇到緊急事故，應先向當地警方求助及索取失竊證明，同時可向中國駐該國外交代表機關或領事機關報告有關情況，或致電入境處「協助在外香港居民小組」的24小時熱線1868求助。

註：個別「工作假期計劃」的細節可能會有改變，參加者在申請前應先查閱有關經濟體系的網頁。

附錄十二：外遊警示制度

保安局於2009年設立「外遊警示制度」，目的是協助香港居民更容易瞭解在前往88個較多港人到訪的海外國家/屬地時所可能面對的人身安全風險，並分別以「黃、紅、黑」三色警示作出風險評估。

當這些國家/屬地出現可能影響香港居民人身安全的事故時，保安局會評估風險，當中包括風險的性質（例如是否針對旅客）、程度及持續性，並考慮是否需發出「外遊警示」。

若有公共衞生的理由，保安局會按食物及衞生局建議的警戒級別，就受傳染病嚴重影響的國家/屬地發出警示，協助市民更容易掌握可能面對的健康風險。

外遊提示登記服務

持有有效香港身份證的香港居民，並且已登記成為「我的政府一站通」帳戶，在前往外地旅遊前，可使用這網上服務登記你的聯絡方法及行程。

當身處外地而發生緊急情況時，入境處的「協助在外香港居民小組」可根據你提供的資料與你聯絡，並提供切實可行的協助。

如你的外遊目的地是香港特區政府「外遊警示制度」所覆蓋的國家或地區，你更可透過「我的政府一站通」內的「我的訊息」接收香港特區政府發出的最新外遊警示及相關公開資料，或視乎情況，同時經你登記的香港流動電話或海外流動電話接收流動電話短訊。

如你已在「我的政府一站通」內的「我的設定」中表示同意收取電郵訊息，最新外遊警示及相關公開資料亦會發送至你的電郵地址。

現正生效的外遊警示（截至2020年12月）：

級別	外遊警示	國家 / 屬地
黑色（有嚴重威脅）	不應前往	敘利亞
紅色（有明顯威脅——有關2019冠狀病毒病）	調整行程：如非必要，避免前赴	所有海外國家 / 屬地）
紅色（有明顯威脅——其他風險）	調整行程：如非必要，避免前赴	埃及、伊朗、黎巴嫩、巴基斯坦、土耳其（東南部省份）
黃色（有威脅跡象——其他風險）	留意局勢，提高警覺	巴林、孟加拉、比利時、法國、印度、印尼、以色列、日本、肯尼亞、馬來西亞、緬甸、尼泊爾、菲律賓、俄羅斯、沙特阿拉伯、斯里蘭卡、泰國、突尼斯、土耳其、英國

覆蓋國家和地方

澳洲	巴林	阿根廷	新加坡	毛里求斯
蒙古	巴西	立陶宛	西班牙	保加利亞
文萊	緬甸	盧森堡	愛爾蘭	克羅地亞
荷蘭	智利	奧地利	以色列	北馬其頓
挪威	捷克	孟加拉	意大利	塞浦路斯
阿曼	丹麥	馬耳他	敘利亞	巴基斯坦
埃及	秘魯	比利時	突尼斯	愛沙尼亞
斐濟	波蘭	墨西哥	肯尼亞	羅馬尼亞
芬蘭	法國	摩洛哥	土耳其	阿爾巴尼亞
德國	希臘	柬埔寨	黎巴嫩	列支敦士登
印尼	南非	尼泊爾	馬爾代夫	黑山共和國
伊朗	印度	加拿大	馬來西亞	沙特阿拉伯
關島	冰島	新西蘭	白俄羅斯	哈薩克斯坦
約旦	泰國	菲律賓	直布羅陀	阿拉伯聯合酋長國
越南	美國	葡萄牙	塞爾維亞	斯洛文利亞共和國
老撾	英國	卡塔爾	斯洛伐克	波斯尼亞-黑塞哥維那
日本	瑞士	俄羅斯	斯里蘭卡	(關島－美國屬地)
瑞典	韓國	匈牙利	拉脫維亞	(直布羅陀：英國海外屬地)

相關事項

香港居民在出外公幹或旅遊時，應注意人身安全。身在外地的香港居民如需協助，可致電入境處24小時求助熱線：1868

有關外遊時個人健康風險資訊，可瀏覽衞生署網頁(http://www.travelhealth.gov.hk/cindex.html)。

重要提示

香港居民在外遊前或落實行程前應參閱相關外遊警示(如有的話)，但離港外遊與否及其行程，純屬個人決定。如因提供或使用外遊警示或網頁內其他資料或有關連的任何因由而引致任何損失、損毀或受傷，香港特別行政區政府概不負責。

附錄十三：行動代號

有關於「風沙」、「曙光」、「冠軍」、「驚愕」、「沙暴」、「天網」、「日杆」及「日杆II」這些「行動代號」的行動內容:

1. 「風沙行動」

入境事務處（入境處）聯同警務處在2012年10月，在上水區展開一項代號名為「風沙行動」的反非法勞工聯合行動，共動員25名入境處及32名警方人員。

執法人員共搜查11個位於上水區的水貨黑點，包括晉科中心、彩發街、彩暉街、彩園邨及上水港鐵站出口一帶，並拘捕4名涉嫌非法從事水貨活動而違返逗留條件的內地男旅客，年齡介乎32至42歲。

此外，入境處同時向法庭申請搜令，搜查上水中心4個懷疑有旅客非法從事水貨活動的單位，並在其中1個單位拘捕兩名涉嫌非法從事水貨活動而違返逗留條件的內地旅客。被捕人士為女性，年齡為41及44歲。行動中檢獲的貨物包括200箱化妝品、逾百瓶魚油丸及大批文具等。

另外，警方亦以「在公眾地方造成阻礙」罪名，向1名本地男子及1名本地女子發出傳票。

入境處發言人說：「所有旅客在未獲入境處處長批准前，無論受薪與否，均不得從事任何僱傭工作。違例者會遭檢控，一經定罪，最高刑罰為罰款5萬元及監禁2年。入境處會繼續聯同其他執法部門採取有效行動打擊有關罪行。」

2.「曙光行動」、「風沙行動」、「冠軍行動」

入境事務處（入境處）於2014年8月11至13日在全港各區展開一連串的反非法勞工行動，包括「曙光行動」以及聯同警務處執行的「風沙行動」及「冠軍行動」。行動中，執法人員共拘32非法勞工、1名逾期逗留人士及4名涉嫌聘用非法勞工的人士。

於「曙光行動」中，入境處特遣隊人員1連3日共搜查了18個目標地點，包括食肆、包裝工場、洗衣工場及裝修單位，共拘捕23名非法勞工、1名逾期逗留人士及4名涉案僱主。被捕的23名非法勞工為11男12女，年齡介乎15至61歲，其中5男1女持有不允許僱傭工作的擔保書（俗稱「行街紙」），另外3名女子涉嫌使用及管有懷疑偽造香港身份證。而因涉嫌聘用非法勞工被捕的僱主則為2男2女，年齡介乎28至50歲。

於「風沙行動」中，執法人員於上水嘉富坊拘捕3名涉嫌非法從事水貨活動而違反逗留條件的內地旅客，分別為2男1女，年齡介乎28至42歲。該批懷疑用作水貨用途的貨物包括奶粉、食品、洗頭水、藥物、消毒用品、健康食品等。

「冠軍行動」中，執法人員搜查了12個目標地點，包括垃圾回收站、商業大廈、街市、食肆等。被捕的6名非法勞工為5男1女，年齡介乎30至52歲。

由2012年9月至2014年，入境處採取了多次「風沙行動」，並拘捕了1,331名涉嫌從事水貨活動的內地人，以及14名香港居民。其中201名內地人被控違反逗留條件，餘下的1,130人已被遣返內地。201名被檢控人士當中，192人被判監禁4星期至3個月不等，9人被撤銷控罪。

發言人稱：「所有旅客在未獲入境處處長批准前，無論受薪與否，均不得從事任何僱傭工作。違例者會遭檢控，一經定罪最高刑罰為罰款5萬及監禁2年。」

發言人亦警告非法入境者或受遣送離境令或遞解令規限的人接受僱傭工作，開設或參與業務，均屬違法，最高可被判罰款5萬元及監禁3年。上訴法庭對有關條例頒定判刑指引，以監禁15個月判刑作基準。任何人使用或管有偽造身份證乃違法，違者可被檢控，一經定罪，最高可被判罰款港幣10萬元及監禁10年。

發言人呼籲僱主切勿聘用非法勞工，並強調任何人士如僱用不可合法受僱的人，亦屬違法。違例者經定罪後，最高可被判罰款35萬元及監禁3年。同時，如求職者沒有香港永久性居民身份證的話，僱主亦必須查閱他/ 她的有效旅行證件，違例者經定罪後，最高可被判罰款15萬元及監禁1年。

為了遏止僱用非法勞工，高等法院於2004年頒布判刑指引，指出僱用不可合法受僱的人屬嚴重罪行，而聘用非法勞工的僱主須被判即時入獄。

3. 「驚愕行動」

入境事務處發言人在2002年10月20日稱：「入境處調查科人員首次在銅鑼灣維多利亞公園，打擊在該處非法擺賣的旅客及外籍家庭傭工，行動中共拘捕共10名涉嫌違反逗留條件的人士，包括2男8女。」

被捕的8名女子是印尼籍家庭傭工，年齡介乎22至38歲，其中1人為逾期逗留人士。她們涉嫌在該公園內兜賣熟食。另外的兩名被捕男子分別為28歲的巴基斯坦籍旅客及30歲菲律賓籍旅客，他們在被捕時分別在販賣衣服及雷射唱片。十名被補人士全被帶返入境處作進一步調查。

是次代號名為「驚愕」的行動在當日早上11時開始，入境處調查科人員在維多利亞公園內多處地點對涉嫌從事非法勞工的人士進行監視。發現若干可疑人士以帆布袋或手推車擺賣熟食、衣服及日用品。60名調查科人員於是進行突擊拘捕行動，整項行動在12時15分結束。

入境處發言人強調：「外籍家庭傭工只可為僱傭合約上所指定的僱主從事家務性質的工作。所有旅客無論受薪與否，在未獲入境處處長批准前，均不得從事任何僱傭工作。違例者會遭檢控，一經定罪，最高刑罰為罰款5萬元及入獄2年，協助及教唆者均會被檢控及判罰。」

發言人並警告：「任何人士如僱用不可合法受僱的人，均屬違法，最高刑罰為罰款35萬元及入獄3年。」

4. 「天網行動」

香港是一個國際都會，同時亦是一個國際交通樞紐。不少提供偽造證件的犯罪集團及非法移民都利用香港方便完善的對外運輸網絡進行偷渡活動。

入境事務處（入境處）一直全力打擊這類不法活動，成功遏止非法移民活動蔓延，防止香港成為偷運人口活動的中轉站。

入境處的專責調查組於80年代初成立，專責調查有組織的違反入境條例罪行，包括在本港進行或涉及本港的偷運人口活動。此外，該組亦與本港、內地及海外其他執法機關緊密合作，攜手打擊有組織的偷運人口活動。

入境處亦不時在香港國際機場進行打擊偽證行動，堵截行使偽造旅行證件人士及偽證集團的成員。行動中，入境處人員除了在抵港及離港航機閘口進行檢查外，還在轉機/ 候機區、登機閘口和海天客運碼頭向旅客抽查證件及採取觀察及跟蹤行動。

在2014年12月，入境處在香港國際機場進行了代號為「天網」的大型行動，多國駐港總領事館的代表人員亦有參與，擔當顧問或觀察人員的角色。行動中，共抽查了約460班離港、抵港航機及從海天客運碼頭抵港的船隻，向逾450名旅客抽查證件。

5. 「沙暴行動」

2014年7月，入境處聯同警方「有組織罪案及三合會調查科」在香港國際機場進行一項代號為「沙暴」的執法行動。行動中，一共抽查了50班離港航班，向逾100名旅客抽查證件，以有效打擊「偽造證件」和「偷運人口」活動。

入境處非常關注南亞及非洲裔人士從內地非法進入香港的情況，並與香港警方及內地有關當局保持緊密聯繫及交流情報，協力打擊這類非法偷渡活動。

入境處的「行動研究組」及「反偷渡情報局 - 策略情報小組」亦密切留意非法移民活動的最新趨勢及偷運人口集團的慣常手法，並與本地、內地及海外執法機構和外國駐港的對口單位保持緊密聯繫，交換有關情報及趨勢資料。如發現偽造旅行證件及非法移民活動有新趨勢，即會通知前線人員提高警覺。

6. 「日杆行動」及「日杆（II）行動」

打擊南亞裔人士偷渡來港及免遣返聲請人在港從事非法工作。

在2015年5月，本處聯同警務處展開1項代號為「日杆」的聯合行動，成功瓦解1個專門安排南亞裔人士偷渡來港的犯罪集團，拘捕了14名涉案人士，包括兩名集團主腦。被捕人士當中已有4人被定罪，分別被判處監禁3至15個月不等。

在2015年9月的「日杆（II）行動」中，更成功瓦解1個專門安排越南籍人士偷渡來港的犯罪集團。行動中共拘捕了18名涉案人士，包括2名集團成員。被捕人士當中已有4人被定罪及各被判處監禁15個月。

7. 「曙光行動」（2019年）

入境處在2019年2月，在全港多區展開代號名為「曙光行動」的反非法勞工行動，拘捕16名非法勞工和4名涉嫌聘用非法勞工的人士。行動中，入境處特遣隊人員搜查了全港23個地點，包括：公司、地盤、農場、垃圾站、公園、住宅、餐廳等多個地點，共拘捕16名非法勞工及4名涉案僱主。

附錄十四：網上舉報違反入境條例罪行

市民如要舉報逾期逗留、聘用非法勞工等有關違反入境條例罪行，可透過互聯網進行舉報，或選擇在網上填寫舉報表格，將表格列印，並以傳真或郵寄方式交回入境事務處。

網上服務

如欲透過互聯網舉報「違反入境條例罪行」，只須填妥網上舉報違反入境條例罪行表格，並連同其他相關資料（例如數碼相片或相關文件等；如有）一併上載。你可透過以下連結使用有關網上服務：

網上舉報違反入境條例罪行

能提供的資料愈多，便越能有助入境事務處調查有關罪行個案及/ 或將有關罪行個案轉介至其他政府決策局和部門，以及其他機構。

由於入境事務處的管轄範圍只及香港特別行政區，請勿向入境事務處舉報在香港境外干犯的罪行。請切記，明知而向入境事務處提供虛假資料或誤導入境事務處，即屬違法。

其他舉報方式

你亦可透過電話、傳真、電郵或郵寄方式，舉報有關違反入境條例罪行：

電話： 入境事務處「24小時舉報熱線」：2824 1551

傳真：2824 1166

電郵：anti_crime@immd.gov.hk

地址：九龍灣宏光道39號宏天廣場5樓入境事務處

附錄十五：處理免遣返聲請策略

節錄：保安局局長李家超於2019年4月3日在立法會會議上就吳永嘉議員的提問的書面回覆

主席：

政府一直非常關注免遣返聲請者所帶來的問題。就此，我們自2016年就處理免遣返聲請的策略展開全面檢討，已先後落實多項措施，包括盡量防止聲請人抵港、加快就積壓的聲請展開審核程序、縮短審核每宗聲請所需的時間、增加酷刑聲請上訴委員會（上訴委員會）的委員人數和秘書處人手，以及加快將聲請被拒者遣送離港，並加強針對非法工作等罪行的執法行動。

政府亦會修訂《入境條例》，以改善審核程序，堵塞現有漏洞，避免聲請數字和處理時間回升，並加強入境事務處（入境處）執法、遣送及羈留的權力。政府已於2018年7月及2019年1月就修訂建議諮詢立法會保安事務委員會，目標在2019年上半年向立法會提交條例草案。

目前，新聲請及非法入境者的數目已比高峰期減少8成；入境處經已基本完成審核曾積壓過萬宗的聲請；而等候上訴委員會處理的個案亦開始逐步回落，並預計最快可於2年內陸續完成處理。

就吳永嘉議員提問的各個部分，我現回覆如下：

（一）在2014年至2018年，被入境處遣返的免遣返聲請人（包括在統一審核機制於2014年3月實施之前酷刑聲請已被拒絕、撤回或無法跟進的人）有9,137人，當中4,593人為聲請被拒絕的人。

在聲請被拒絕後被遣返的人當中，以總數計，最多分別來自越南、印度、巴基斯坦、印度尼西亞、孟加拉、菲律賓和尼泊爾。按年分項數字如下：

國籍／年份	2014	2015	2016	2017	2018	總數
越南	3	21	42	305	780	1151
印度	52	133	181	255	226	847
巴基斯坦	56	131	126	261	242	816
印度尼西亞	32	65	83	145	225	550
孟加拉	17	40	61	123	100	341
菲律賓	20	23	33	70	81	227
尼泊爾	14	51	34	63	59	221
其他	36	61	79	118	146	440
總數	230	525	639	1,340	1,859	4,593

截至2018年年底，入境處須按統一審核機制處理的免遣返聲請共涉及超過22,000名聲請人，當中約4成已被遣返。

（二）政府一直關注非華裔人士（包括免遣返聲請人）在港犯案及參與三合會活動的情況。就此，警方一直按各區罪案趨勢調配警力加強巡邏，以防止及偵破罪案。

為專注研究相關問題、制訂相關策略及統籌執法行動，警隊成立了「非華裔人士參與有組織罪案及三合會活動工作小組」，其職責範圍包括監察非華裔人士參與有組織罪案及黑社會活動的趨勢；制訂警隊策略；協調執法行動；以及強化警隊系統及流程，並提高收集情報的能力。

在地區層面打擊犯罪方面，有組織罪案及三合會調查科已於2017年推出新策略，強調從四個方面應對非華裔人士犯案的問題，包括訓練、情報收集及分享、多機構合作及優化執法行動。此外，警方亦持續與本港和境外各執法機構、各國駐港領事館及非華裔社群保持聯繫，適時採取行動打擊各類涉及有關人士的罪行。

2018年，獲擔保外釋的非華裔人士（絕大部分為免遣返聲請人）因干犯刑事罪行而被拘捕的數字為1,150人，較2017年下跌約25.4%。警方會繼續留意相關的罪案趨勢和行動需要，制訂有效措施採取行動予以打擊。

（三）透過修訂法例加快審核和堵塞濫用程序的空間，從根本長遠解決有關免遣返聲請人的問題，是必要和重要的。保安局早前諮詢保安事務委員會的修訂建議中，包括建議將提交聲請表格的法定時限由28天縮減至14天，並取消現時額外21天提交表格的行政安排。若有關建議得以落實，我們預計入境處處理每宗聲請的時間，將可由現時平均約10星期縮減至最快約5星期。另一方面，我們正考慮是否有空間將部分上訴程序的法定時限適當地縮減，務求在繼續確保高度公平標準時，令處理上訴亦更具效率。

透過修訂法例進一步改善整個審核程序，並堵塞漏洞避免部分人士意圖阻礙審核按時進行，可讓聲請人更快獲得審核結果，此舉對所有持份者（包括聲請人）和社會大眾都有利。

（四）就設立收容中心或禁閉營的建議，涉及法律、土地、基建、人手、資源、管理及保安等事宜，政府一直積極考慮所有合法、可行和有效的做法；就有關建議問題複雜，必須作審慎及全面研究。另一方面，正如早前向保安事務委員會諮詢法例修訂建議時所解釋，在考慮羈留策略時，我們亦正研究透過修訂法例，確保入境處在審核及遣返程序中的不同階段，均能合法及合理地羈留聲請人。

統一審核機制

該機制是按照合乎法律所要求的高度公平標準的程序訂立，並同時避免經濟移民濫用程序，以達致延長非法留港的目的。

實施「統一審核機制」並不影響特區政府就《難民公約》及其1967年議定書從未適用於香港的一貫立場，以及我們不給予任何人庇護或核實任何人的難民身分的堅定政策。

聯合國難民事務高級專員署將繼續按其授權為難民提供保護。為此，入境處會將迫害風險獲確立的免遣返聲請人轉介至聯合國難民事務高級專員署，讓該署考慮確認該聲請人為難民，以及為獲確認為難民的人安排移居至第三國家。

根據統一審核機制的免遣返聲請處理程序

立法會保安事務委員會 免遣返聲請統一審核機制

(掃瞄以下QR Code)

附錄十六：查閱身份證明文件

下列資料撮錄自香港法例第115章《入境條例》，以説明法例規定公眾須攜帶身份證明文件和賦予入境事務隊成員查閱身份證明文件的權力：

根據第17B條，身份證明文件就任何人而言，包括：

(a) 他的有效身份證

(b) 由人事登記處處長發出的文件，表明該人已申請

- 根據《人事登記條例》（第177章）予以登記
- 根據《人事登記規例》（第177 章，附屬法例）第13或14條發給新身份證

(c) 他所持有的有效旅行證件

根據第17C條，任何人如年滿15歲及是身份證持有人或是根據《人事登記條例》（第177章）須申請予以登記的人或是越南難民證持有人，即須時刻隨身攜帶其身份證明文件。

入境事務主任或入境事務助理員可根據第17C條賦予的權力要求任何人出示身份證明文件以供查閱。任何人如未能按規定出示身份證明文件以供查閱，即屬犯罪，經定罪後，可處第2級罰款。入境事務主任或入境事務助理員須記錄所有查閱身份證明文件的細節及結果。該記錄會保留不少於12個月。

附錄十七：入境事務處訓練課程獲職業資歷認可

入境事務處處長曾國衞先生在2018年8月在入境事務學院主持入境事務處「資歷認證課程」啟動典禮，標誌入境事務處（入境處）訓練課程邁進新里程。

為提升部隊質素，並推廣終身學習文化，及促進入境事務隊成員個人發展，入境事務學院揀選香港公開大學李嘉誠專業進修學院協辦入境事務助理員職系的入職和在職訓練課程，並取得香港學術及職業資歷評審局資歷架構認可資格。

在資歷架構下，新入職的入境事務助理員完成訓練課程後，可獲頒資歷架構第四級別認可的入境事務及管制專業文憑，級別與副學士學位及高級文憑同。此外，高級入境事務助理員和總入境事務助理員完成相關在職訓練後，亦可分別獲頒資歷架構第四級別《入境事務及管制預修管理專業證書》及第五級別《入境事務及管制前線管理專業證書》，兩級別分別與副學位及學士學位同等。

上述的職業資歷認可，不但令新入職及已入職的助理員及高級助理員，特別係以中學文憑及/或毅進文憑入職的，在學歷上可以獲得提昇，也增加了他們透過兼讀/遙距課程可以繼續進修的機會。同樣，總入境事務助理員在完成相關在職訓練課程後，也大大增加了他們繼續修讀一個正式學士以至碩士學位課程的機會。對一個在入境處工作了十五至二十年剛升到總入境事務助理員職級，且年近四十的職員而言，這個新措施不吝為他們打了一支強心針。他們可以透過利用餘下的15至20年繼續進修，以期可以進一步向主任職級邁進。

此外，入境處於2019年11月進一步通過香港學術及職業資歷評審局的專業評審，順利以課程營辦者身分，把入境事務主任入職訓練課程和在職入境事務助理員的旅客出入境檢查課程納入資歷名冊，標誌入境處訓練課程邁進另一里程碑。新入職的入境事務主任完成資歷架構下的入職訓練後，可獲頒發屬資歷架構第五級的入境事務及管制管理專業文憑，級別與學士學位同等。在職的入境事務助理員完成旅客出入境檢查課程後，亦可獲頒發屬資歷架構第四級的出入境管制及旅客出入境檢查專業文憑，級別與副學士學位及高級文憑同等。

入境事務處處長曾國衞先生在2020年1月7日在入境事務學院主持入境處「資歷認證課程」證書頒發典禮。他在致辭時表示，學院自行舉辦的訓練課程繼續得到專業認可，證明學院的設備和課程內容，以至師資各方面皆獲高度肯定，有助推動入境事務隊成員持續進修，終身學習，提升自身的知識水平和競爭力。

附錄十八：入境事務處近年在反恐方面的角色轉變

前言

恐怖活動日益頻盈，繼2019年3月15日一名白人槍手襲擊紐西蘭基督城中心地區的清真寺，釀成眾多死傷之後，在4月21日，斯里蘭卡也遭到伊斯蘭國恐怖組織發動襲擊。在8次炸彈爆炸中，4間酒店、3間教堂及1間民居受襲，釀成數以百計的人命傷亡。

特別行政區政府雖然評估香港受恐襲風險仍為中度，但因應近來按年有所增加的恐怖襲擊事件，也加強了針對恐怖活動的對應策略。因此，各大紀律部隊也積極投入了種種反恐戰術研究、人員訓練以及宣傳方法等工作。

其中，入境處的角色轉變尤為顯著。

以往較被動的角色

以往，入境處在反恐行動參與比較被動。例如，當接到殖民地時代的警隊政治部，或回歸後特區政府警隊的保安部通知時，會將疑似恐怖分子放入監察名單內。這些人士如果在原居地申請簽證赴港，很大機會不獲批准。即使他們因護照可以免簽而成功來港，亦會在管制站被截停，並在檢查後會被拒入境並即時扣留以執行遣返。這些人士如果持假護照入境，也每每會在準確情報的指引下，被識破逮捕，並繩之於法。

近年的各種轉變

1. 法律角度

香港法例第575章第2條

聯合國（反恐怖主義措施）條例

執行該條例的獲授權人員，由原來只有警務人員擴展到涵蓋了入境事務隊的成員。

《2012年8月2日修訂》

香港法例第575章第3C部第11K條

聯合國（反恐怖主義措施）條例

禁止香港永久性居民為籌劃 / 參與恐怖主義行為或恐怖主義行為的相關培訓而離開香港

《2018年5月31日修訂》

香港法例第115D章第2條

入境（未獲授權進境者）令

除越南外，未獲授權進境者增加了阿富汗，孟加拉國，印度、尼泊爾、尼日利亞、巴基斯坦、索馬里、斯里蘭卡等8個國家。

《2016年5月20日修訂》

2. 編制角度

參加反恐專責組

部門在2018年4月參加了特區政府新成立的反恐專責組。專責組由6大紀律部門派員組，為反恐架構提供了一個跨部門的合作平台。目前，入境處有7名反恐科人員代表處方在專責組工作。

成立反恐科

部門在2018年6月成立了反恐科。該科由1名首席主任領導、負責制訂和檢討反恐策略、收集和分析反恐情報，並對懷疑恐怖分子的出入境活動進行調查和執法行動。

加強人事登記科國際協作組功能

人事登記科屬下的《國際協作組》《協助在外香港居民小組》會為身在境外而遇事的港人提供一切可行協助。該組設有24小時熱線電話1868，供市民緊急求助。

《國際協作組》在2010年底推出的「外遊提示登記服務」，令小組人員在緊急情況下，可以透過市民所提供的資料與他們聯絡並提供協助。

此外，該小組亦協助中國使領館介紹「海外安全與領事保護工」，更製作了「領保動漫視頻」，以加強市民外遊時的安全意識及減低遇襲時的影響。

3. 訓練角度

- 2018年12月，保安局副局長帶領反恐專責組代表訪問新疆，1名總入境事務主任隨團出發。
- 2018年4月，入境處參與了在尖沙咀中港碼頭進行代號「探月」的跨部門反恐演習。
- 2018年5月，入境處參與了在深圳灣口岸進行代號「風盾」的跨部門反恐演習。
- 2018年7月，入境處參與了在港鐵西九龍站進行代號「飛箭」的跨部門反恐行動。
- 2019年3月入境處參與了在筲箕灣鯉魚門公園進行代號「擎天」的首次大型跨部門反恐演習。對入境處而言，演習重點是入境調查人員如何截查和訊問可疑人士，以及在發現恐怖分子之後的即時應變。此外，也包括了入境反恐人員如何聯同警隊有組織罪案及三合會調查科進行聯合蒐證工作。
- 自從2016年11月至2018年底，入境處已經為2,784名入境處人員舉辦了47次內部反恐課程。
- 自從跨部門反恐專責組成立以來，入境處已為326名入境處人員舉辦了6次跨部門反恐訓練課程。

4. 行動角度

反恐科負責同本地、內地、海外執法機關及駐港領事館聯繫，促進情報交流。

在2018年，反恐科人員在海陸空各管制站進行了3,903次相關巡查行動，截查人次為14,278人。

同年，入境處推出了全民換證計劃，加強新身份證防偽特徵，提昇了排除隱患的能力。

在2004年，入境處引進了容貌辨認系統。目前該系統的三維技術已達成熟階段，可以有助防止恐怖分子利用假護照潛入香港。

5. 未來發展

(I) 強化反恐隊伍建設

入境處為加強反恐隊伍建設，相信在不近的將來會全面引進槍械訓練，在當值時配槍執法。這個看法建基於：

(a) 在2010年4月15日，入境處人員正式由懲教署接手青山灣入境事務中心的管理工作。由2009年開始，入境處已將派駐青山灣入境事務處中心的人員前往懲教署接受由該署提供的槍械訓練；

(b) 在2018年7月19日，立法會跟進免遣返聲請統一審核機制有關事宜小組委員會主席葛珮帆議員公開提出入境處人員應獲發配槍當值，以應付緊急情況；

(c) 在2019年2月19日，立法會工務小組委員會討論入境處將軍澳興建新總部大樓事宜時，處長曾國衛表示有需要在新總部興建920平方米的練靶場，以便讓新入職及在職同事都能接受槍械訓練；

(d) 根據香港法例第238章火器及彈藥條例第3條，獲豁免槍牌可以配槍的執法部門，早已涵蓋：政府飛行服務隊、香港警務處、輔助警察隊、海關、懲教署和廉政公署。

在適時進行全面槍械訓練之後，入境事務處理應可以同樣獲得豁免槍牌配槍執行反恐/調查/管制等任務。

(II) 加強社會反恐意識

作為全面接觸市民的部門，入境處可以配合特區政府提供加強社會反恐意識的渠道和方法。例如在入境處總部或各區辦事處連同在場市民進行疏散演習，又或繼續在各口岸進行配合入境檢查流程的反恐演習等等。當然，入境處的舉報熱線、電郵、傳真也可以成為市民舉報疑似恐怖份子的方便渠道。

(III) 參加定期或不定期跨國反恐訓練

這類訓練不但可以進一步促進國際間的反恐技術和情報交流，更有利於在有需要時為出事地點的外遊港人提供適時的協助。

(IV) 加強電子系統防衛

作為特區政府持有個人資料最大的部門，入境處應該會不斷加強電子系統防衛的工作。此舉除了可以保障個人私隱之外，亦可避免保安系統被駭客入侵而癱瘓/失效。

(V) 為反恐及刑偵人員提供最新設備及器材

新設備和器材對監視目標人物、掌控識別偽做護照方法及如何蒐集/保護罪案證據等前線工作起決定性的作用。

(VI) 提昇部門人員的體能鍛練和戰術訓練

針對性的訓練可以配合/輔助到執法部、管制部的實戰工作。

(VII）擴展流動電話應用程式功能

香港的外遊提示登記服務主要用以針對境外的恐襲通報。這個類似功能，在新加坡已發展到可以透過「SG　Secure」應用程式以應用到國內發生的緊急事故。相信從長遠角度出發，入境處可以進一步協調這種通報功能的全面應用和發展。

(VIII) 法律變化

隨著恐怖襲擊與日俱增，入境處相信會指定熟悉反恐法例的高階長官緊密觀察因應需要而可能導致的法律更迭，從而可以更快速有效地訓示/指導中基層督導人員和前線人員作無縫跟進與全面配合。

鳴謝

本書得以順利出版，有賴各界鼎力支持、協助及鼓勵，並且給予專業指導，在內容的構思以及設計上提供許多寶貴意見，本人對他們尤為感激，藉著這個機會，本人在此謹向他們衷心致謝。

前入境事務處副處長蔡炳泰先生

前助理入境事務主任范錫明先生

前入境事務主任協會主席倪錫水先生

入境事務主任協會執行委員會（2014至2016）

入境事務處攝影師陸作中先生

香港科技專上書院校長時美真博士

香港科技專上書院紀律部隊系列課程顧問Mark Sir

香港科技專上書院毅進文憑課程導師謝國良先生

香港科技專上書院入境事務毅進文憑課程仝寅

李學廉

前總入境事務主任

後記

李學廉先生（李Sir）是我的良師益友。我在入境事務處工作三十年間，兩次與李Sir共事。我倆第一次在1983年結緣，我完成助理入境事務主任的入職訓練，第一個工作崗位是在舊港澳碼頭管制站負責出入境工作，李Sir當時在該管制站擔任值日官，他是我的直屬上司，循循善誘，使我獲益良多。

我倆第二次共事是在2011年，那時我在退休前的最後工作崗位出任人事登記紀錄組主管，李Sir則為旅行證件及國籍（申請）組主管，兩個組別同時隸屬於入境事務處個人證件部。李Sir博學多才，能言善辯，無論在工作或個人問題上，他都樂於跟同事或朋友分享經驗及解答疑難。

李Sir曾司職於入境事務處及警務處兩大紀律部隊，所以他對香港的保安法例非常熟識。他憑數十年旳寶貴實戰經驗精心篩選資料，撰寫本書。內容客觀，涵蓋面廣，以深入淺出的手法闡述入境事務處各個部門的日常工作，讓讀者認識現時入境事務處的實務。李Sir編寫這本書的主要目的是為有意投考入境事務處工作的讀者提供實用及有效的面試技巧資訊及知識，務求令投考者獲得錄取的機會。

我在香港科技專上書院擔任毅進導師，教授入境實務及面試技巧課程時向同學推介此書，他們閱讀後都認同書上所提供的面試技巧及模擬試題都非常簡易實用。應考同學更將書中所述的技巧應用於投考入境事務助理員職位上，順利過關。因此，我極力推薦此書，有意投考入境事務處職位者如應用得宜書中重要的參考材料，更可大大提高錄取的機會。

前總入境事務主任、香港科技專上書院毅進導師
謝國良 BSc, BEng(Ind)

看得喜 放不低

創出喜閱新思維

書名　入境投考實戰攻略(修訂版) Immigration Recruitment Handbook
ISBN　978-988-74806-8-6
定價　HK$138
出版日期　2021年1月
作者　前總入境事務主任 李學廉
統籌　Mark Sir、麥尼
版面設計　方文俊
出版　文化會社有限公司
電郵　editor@culturecross.com
網址　www.culturecross.com
發行　香港聯合書刊物流有限公司
地址：香港新界大埔汀麗路36號中華商務印刷大廈3樓
電話：（852）2150 2100
傳真：（852）2407 3062
